U0213475

数字经济与高质量发展丛书

数字经济对交通运输碳排放强度的影响效应和作用机制

许岩　李霄含　邵颖丽　著

中国商务出版社

·北京·

图书在版编目（CIP）数据

数字经济对交通运输碳排放强度的影响效应和作用机
制 / 许岩，李霄含，邵颖丽著. -- 北京 ：中国商务出
版社，2024.5
（数字经济与高质量发展丛书）
ISBN 978-7-5103-5146-4

Ⅰ. ①数… Ⅱ. ①许… ②李… ③邵… Ⅲ. ①信息经
济－影响－交通运输业－二氧化碳－排气－研究－中国
Ⅳ. ①X511

中国国家版本馆CIP数据核字（2024）第087534号

数字经济与高质量发展丛书

数字经济对交通运输碳排放强度的影响效应和作用机制

SHUZI JINGJI DUI JIAOTONG YUNSHU TANPAIFANG QIANGDU DE YINGXIANG XIAOYING HE ZUOYONG JIZHI

许岩　李霄含　邵颖丽　著

出版发行：中国商务出版社有限公司
地　　址：北京市东城区安定门外大街东后巷 28 号　　邮编： 100710
网　　址：http://www.cctpress.com
联系电话：010-64515150（发行部）　010-64212247（总编室）
　　　　　010-64243016（事业部）　010-64248236（印制部）
策划编辑：刘文捷
责任编辑：刘　豪
排　　版：德州华朔广告有限公司
印　　刷：北京建宏印刷有限公司
开　　本：787 毫米×1092 毫米　1/16
印　　张：9.25
字　　数：166 千字
版　　次：2024 年 5 月第 1 版
印　　次：2024 年 5 月第 1 次印刷
书　　号：ISBN 978-7-5103-5146-4
定　　价：48.00 元

丛书编委会

序

自人类社会进入信息时代以来，数字技术的快速发展和广泛应用衍生出数字经济。与农耕时代的农业经济，以及工业时代的工业经济大有不同，数字经济是一种新的经济、新的动能、新的业态，其发展引发了社会和经济的整体性深刻变革。

数字经济的根本特征在于信息通信技术应用所产生的连接、共享与融合。数字经济是互联经济，伴随着互联网技术的发展，人网互联、物网互联、物物互联将最终实现价值互联。数字经济是共享经济，信息通信技术的运用实现了价值链条的重构，使价值更加合理、公平、高效地得到分配。数字经济也是融合经济，通过线上线下、软件硬件、虚拟现实等多种方式实现价值的融合。

现阶段，数字化的技术、商品与服务不仅在向传统产业进行多方向、多层面与多链条的加速渗透，即产业数字化；同时也在推动诸如互联网数据中心建设与服务等数字产业链和产业集群的不断发展壮大，即数字产业化。

近年来，我国深入实施数字经济发展战略，不断完善数字基础设施，加快培育新业态新模式，数字经济发展取得了显著成效。当前，面对我国经济有效需求不足、部分行业产能过剩、国内大循环存在堵点、外部环境复杂严峻等不利局面，发展数字经济是引领经济转型升级的重要着力点，数字经济已成为驱动中国经济实现高质量发展的重要引擎，数字经济所催生出的各种新业态，也将成为中国经济新的重要增长点。

为深入揭示数字经济对国民经济各行各业的数量影响关系，内蒙古财经大学统计与数学学院组织撰写了"数字经济与高质量发展丛书"。本系列丛书共11部，研究内容涉及数字经济对"双循环"联动、经济高质量发展、碳减排、工业经济绿色转型、产业结构优化升级、消费结构升级、公共转移支付缓解相对贫困等领域的赋能效应。

丛书的鲜明特点是运用统计学和计量经济学等量化分析方法。统计学作为一门方法论科学，通过对社会各领域涌现的海量数据和信息的挖掘与处理，于不确定性的万事万物中发现确定性，为人类提供洞见世界的窗口以及认识社会生活独特的视角与智慧，任何与数据相关的科学都有统计学的应用。计量经济学是运用数理统计学方法研究经济变量之间因果关系的经济学科，在社会科学领域中有着越来越广泛的应用。本套丛书运用多种统计学及计量经济学模型与方法，视野独特，观点新颖，方法科学，结论可靠，可作为财经类院校统计学专业教师、本科生与研究生科学研究与教学案例使用，同时也可为青年学者学习统计方法及研究经济社会等问题提供参考。

本套丛书在编写过程中参考与引用了大量国内外同行专家的研究成果，在此深表谢意。丛书的出版得到内蒙古财经大学的资助和中国商务出版社的鼎力支持，在此一并感谢。受作者自身学识与视野所限，文中观点与方法难免存在不足，敬请广大读者批评指正。

丛书编委会

2023 年 9 月 30 日

前　言 ➡

随着中国改革开放进程的稳步推进，国家经济得到了快速发展，创造了世界罕见的"经济增长奇迹"。然而，这种要素驱动的粗放型增长也导致了中国能源资源的大量消耗和二氧化碳的高排放。交通运输业作为全球能耗和碳排放量增长最快的行业之一，节能减排已成为该行业的重要研究方向。同时，近年来数字经济依靠技术创新不断推动产业融合和经济结构调整，而产业和经济发展方式的转变将直接导致二氧化碳排放量的变化。在此背景下，本书基于低碳经济理论、环境库兹涅茨理论和内生经济增长理论，探究数字经济对交通运输碳排放强度的影响和作用机制。

首先，采用熵权法和"自上而下"法分别测算2008—2021年我国30个省区市（由于缺少相关数据，香港、澳门、台湾和西藏除外）数字经济发展水平和交通运输碳排放量，并利用脱钩弹性法、基尼系数等方法分析数字经济发展水平和交通运输碳排放的时空特征和区域差异。研究结果表明：2008—2021年我国数字经济发展水平呈逐年上升趋势，东部地区数字经济发展水平高于西部地区且差距随时间增长而扩大，区域间的不均衡长期主导我国数字经济的发展格局。2008—2021年我国交通运输碳排放量逐年上升，交通运输碳排放强度呈下降趋势。从区域角度来看，东中西三大地区间的交通运输碳排放强度表现出收敛特征，差异逐渐缩小。

其次，为探究数字经济发展水平对交通运输碳排放强度的影响效应，构建以STIRPAT模型为基础的数字经济与交通运输碳排放强度固定效应模型进行回归分析。为探究数字经济影响交通运输碳排放强度的作用机制，构建产业结构高级化调节效应模型、绿色技术创新中介效应模型和人均国内生产总值面板门槛模型。研究结果表明，数字经济发展可以降低交通运输碳排放强度，除此之外，城镇化率、交通能源结构、交通行业结构和政府支持力度等变量对交通运输碳排放强度也有显著的负向影响。数字经济能通过促进绿色创新技术来降低交通运输碳排放强度。当地区经济发展水平较低时，数字经济会增加交通运输行业碳排放。

最后，构建空间杜宾模型，探究数字经济对交通运输碳排放强度可能存在的非线性关系和空间影响。研究结果表明，数字经济与交通运输碳排放强度之间存在倒"U"型曲线关系。倒"U"型曲线存在拐点，在达到拐点之前，交通运输碳排放强度随数字经济发展而上升，产生绿色悖论；当达到拐点之后，随着数字经济发展水平提高，交通运输碳排放强度呈下降趋势，数字经济对交通运输碳排放起到了倒逼减排的作用。

本书的出版依托国家自然科学基金地区项目（71961023、72061027）、内蒙古自然科学基金项目（2021MS07003、2023LHMS07005），得到内蒙古自治区经济数据分析与挖掘重点实验室和内蒙古财经大学复杂系统分析与管理学术创新团队的支持，谨此表示感谢。另外，感谢所有被本书引用或参考文献的作者，以及参与研究的所有人员。

作　者
2024 年 4 月

目 录 —

1　绪论

1.1 研究背景和意义

1.1.1 研究背景

1.1.1.1 交通运输业碳减排的紧迫性

目前，人类活动正在深刻改变地球的气候系统，日益加速的气候变化对环境造成不可逆转的影响。极端天气事件和恶劣天气现象对人类生活和社会经济活动造成极大的负面影响，使人类切实感受到气候变化带来的严重危害。联合国报告称，预计到2050年全球升温1.6℃，气候变化加速水循环，给某些地区带来洪涝灾害的同时也会导致其他地区产生严重的干旱，引发洪水、干旱和火灾等一系列极端事件[1]。自改革开放以来，中国的社会经济得到了飞速发展。然而，在早期高能耗、高污染、高排放的经济增长模式下，中国消耗了大量的化石能源，产生了较多的碳排放，对我国经济环境可持续发展造成了严重的负面影响。2024年3月1日，国际能源署（IEA）发布的《2023年二氧化碳排放》（*CO₂ Emissions in 2023*）报告称，2023年全球与能源相关的二氧化碳排放量达到374亿吨，较2022年增加4.1亿吨，增幅1.1%。其中中国二氧化碳排放量增加5.65亿吨，在国家/地区层面的增幅最大，主要是因为疫情后排放密集型经济的增长[2]。为了应对日益严重的温室气体排放问题，中国制定了一系列减排计划，担当大国责任。2020年9月22日，习近平主席在第七十五届联合国大会一般性辩论上向全世界宣布："中国将提高国家自主贡献力度，采取更加有力的政策和措施，二氧化碳排放力争于2030年前达到峰值，努力争取2060年前实现碳中和。"[3]

交通运输业是国民经济和社会发展的基础性、先导性和服务性行业，同时也是全球能耗和碳排放量增长最快的行业之一[4]。国际能源署统计数据显示，1990—2021年，我国交通领域碳排放量从9 400万吨增至9.6亿吨左右，增长9倍，但2022年我国交通领域二氧化碳排放相比2021年减少3.1%。目前，我国交通领域碳排放量约占我国碳排放总量的10%[5]。公路运输是我国交通碳排放绝对的主体和减排重点，占全国交通运输碳排放总量85%以上。由此可见，交通运输业成为我国实现低碳化发展的重要因素，有着巨大的减排潜力。

1.1.1.2 数字经济成为降低碳排放的重要助力

数字经济作为一种由数字技术带来的新的经济社会形态[6]，包含了新的经济活动处理过程和新的经济活动组织方式，也将带来新的经济效果。数字经济作为未来发展新动力，其生产要素不再以石油、煤炭等不可再生能源为主，而是将数据与新能源、新材料相结合，这不仅有助于提高整个社会的信息化、智慧化水平和资源配置效率，亦有助于减少温室气体的排放。近年来，中国智能产业、数字经济蓬勃发展，数字经济成为经济领域热点，并且渗透到了金融业、制造业、农业等产业的各个环节中。

数字经济的到来也给交通运输业低碳转型和发展带来了机遇和挑战。在《中华人民共和国国民经济和社会发展第十四个五年规划和2035年远景目标纲要》中，"打造数字经济新优势"作为单独一章被重点布置，对包括交通运输业在内的中国经济社会的各个方面都产生了深远的影响。首先，数字经济发展促进了经济活动的扩张，导致交通运输需求的增加，中国的电子商务蓬勃发展，《中国电子商务报告2022》指出，2022年我国电子商务交易规模达到43万亿元，网购用户规模达到8.4亿，电子商务的出现改变了传统的供应链模式，影响了交通量和交通模式，导致快递行业和运输需求出现爆炸式增长。其次，智能交通系统提高了交通运输行业的经济效率。数字技术可以通过复杂的计算和规划来优化交通流程，合理规划交通路线，减少拥堵，节约时间和成本。一方面，数字经济可以改变交通运输组织。运营商通过掌握交通方式的数字资源平台，整合各种交通方式，以出行者的需求为核心，实现供给与需求的实时互动，并且提供无断链一体化的出行服务，数字经济将为乘客提供一个全新的交通供给体系。另一方面，数字经济可以促进交通资源配置模式改变。城市交通本身是一个极其复杂的系统，乘客可以随时随地地进入交通系统，给轨道交通、城市道路等资源配置带来难度，未来掌握人、车、路的数字资源平台，可以提前预约出行，掌握出行需求，动态调整供给策略，实现交通资源更加精准、更加高效的配置。最后，数字经济还可以引领低碳生活方式，通过提供各种差异化的交通模式，刺激清洁能源和公共交通的使用，从而改变对碳排放的需求，进一步提高交通运输的效益。

数字经济以信息技术和通用技术为基础，实现了经济和技术变革。一些学者讨论了数字经济对不同行业的影响。然而，对于数字经济对交通运输碳排放作用机制并没有得出统一的结论。交通运输部门的特点以及数字经济与交通运输部门的关系不同于其他行业。数字经济中的交通碳效应是一个很有前景的研究领域，然而相关研究相对匮乏。本研究创新性地从数字经济视角探讨了交通运输业的碳减排问题。

1.1.2　研究意义

1.1.2.1　理论意义

本研究对现有文献做出了以下两点贡献。一方面，丰富了数字经济时代交通运输可持续发展的理论，数字经济给交通运输带来了巨大的直接和间接变化，本书研究了数字经济对交通运输可持续发展的综合影响。另一方面，有助于理解数字经济与交通运输部门碳排放之间的复杂关系。本研究利用绿色创新技术的中介效应和人均GDP的门槛效应分析，揭示了数字经济对交通运输碳排放的作用机制。得出结论：数字经济发展有助于实现经济发展和环境改善的双重目标。

1.1.2.2　现实意义

在现实方面，"十四五"规划中明确提出要推进工业、能源、建筑、交通等重点领域低碳发展，推动减污降碳协同增效，促进经济和社会发展的全面绿色转型，推进生态环境质量改善由量变到质变。而交通运输业作为各行业发展的基础性先导产业和重要的能源消耗及碳排放部门，正处于实现产业低碳转型和兑现国际碳减排承诺的重要时期，研究现阶段如何有效降低交通运输碳排放具有重要的实践价值。本书通过综合分析区域交通碳排放情况，从而有利于实现我国区域交通运输业的低碳转型和健康发展，对实现"十四五"规划的减排目标，推动交通绿色低碳发展，加快构建落实绿色交通运输体系，实现建设生态文明社会具有重要的现实意义。

1.2　研究内容与创新点

1.2.1　研究内容

首先，采用熵权法和"自上而下"法分别测算2008—2021年我国30个省区市（西藏、香港、澳门、台湾地区除外）数字经济发展水平和交通运输碳排放量，分析数字经济发展水平和交通运输碳排放的时空特征和区域差异。其次，基于测算结果和特征分析，研究数字经济对交通运输碳排放强度的影响效应和作用机制。最后，根据研究结论提出对策建议。本书共九章内容，详情如下。

第1章：绪论。阐述了本书的研究背景与研究问题，论述了本书的研究意义、研究方法、研究内容与创新点等基本内容。

第2章：理论基础与文献综述。本书首先对交通运输碳排放和数字经济概念分别进行阐述。其次介绍低碳经济理论、内生经济增长理论和环境库兹涅茨理论，从理论角度分析数字经济对交通运输碳排放的影响。最后根据国内外现有文献，分别从数字经济和交通运输碳排放两个角度进行梳理，构建本书的理论基础。

第3章：数字经济发展水平的测算和时空特征。首先基于全面性、可比较性、客观性等原则构建数字经济指标体系，运用熵权法测算我国30个省区市的数字经济发展水平。其次基于测算结果分析我国数字经济发展水平的时空特征。最后用基尼系数分析数字经济发展水平的区域差异。

第4章：交通运输碳排放的测算和时空特征。首先以我国30个省区市2008—2021年交通运输能源消耗量数据为基础，运用"自上而下"法测算碳排放。其次基于测算结果分析我国交通运输碳排放的时空特征。最后用基尼系数分析碳排放的区域差异。

第5章：基于STIRPAT模型的数字经济对交通运输碳排放强度的影响效应。首先构建耦合协调模型，分析数字经济与交通运输碳排放强度的耦合协调关系。其次基于STIRPAT模型建立数字经济与交通运输碳排放强度的固定效应回归模型，分析数字经济及其他变量对交通运输碳排放强度的影响。

第6章：数字经济对交通运输碳排放强度影响的作用机制。构建产业结构高级化的调节效应模型和绿色技术创新的中介效应模型，探究数字经济对交通运输碳排放强度的作用机理。

第7章：数字经济对交通运输碳排放强度影响的空间效应。首先进行空间计量模型的选择、相关性分析和模型检验。其次建立包含数字经济二次项的空间计量模型，探究数字经济与交通运输碳排放强度的空间特征，数字经济对交通运输碳排放强度的直接效应和空间溢出效应。

第8章：数字经济对交通运输碳排放强度影响的门槛效应。建立经济发展水平的面板门槛回归模型，探究数字经济对交通运输碳排放强度的非线性影响。

第9章：结论与建议。概括总结前文的实证结果，阐述本书的研究结论，根据研究结论和地区实际情况提出可行建议。

1.2.2　创新点

在研究内容上，建立数字经济指标体系，运用熵权法测算数字经济发展水平，运用"自上而下"法测算交通运输碳排放，明确我国数字经济和交通运输碳排放的时空特征。运用面板回归模型、中介效应模型、调节效应模型、空间计量模型等研究数字经济对交通运输碳排放强度的影响效应和作用机制，为交通运输业节能减排提供理论支持和决策参考。

在研究视角上，以往研究，大多数学者探究数字经济与农业、工业碳排放的关系，鲜有学者研究数字技术与交通运输碳排放的关系，本书重点探讨数字经济对交通运输碳排放的影响效应和作用机制，分析数字经济给交通运输业带来的巨大直接和间接变化。同时根据研究结论，提出数字经济促进智能交通、降低交通运输碳排放的有效路径，为科学制定碳减排政策提供新视角。

1.3　研究方法

1.3.1　文献研究法

在收集资料的方法中，最常用、最基础的方法是文献研究法，通过阅读国内外相关文献，对数字经济和交通运输碳排放相关内容进行整理归纳分析，对将要研究的领域全面了解，分析该领域的研究现状和研究成果，更好掌握研究对象的总体情况，为本书综合研究打下良好的框架结构基础，并为实证结果提供一定的理论基础。

1.3.2　规范分析与实证分析相结合

规范分析又称为理论研究，是基于模型理论、规则和原则的前提下，对所研究对象从理论层面进行分析推理，从而得出结论的一种分析方法，本书在低碳经济理论、内生经济增长理论、环境库兹涅茨理论基础上，分析数字经济对交通运输碳排放影响的理论机制。在STIRPAT模型的基础上构建数字经济影响交通运输碳排放的回归模型，进行实证分析。

实证分析法是基于现实生活中的相关信息和数据等资料，运用定量或定性方法对研究对象细致地测量、观察和分析，发现规律，从而推断出结论的一种分析方法。本书收集了2008—2021年中国30个省区市的面板数据，在STIRPAT模型的基础上构建数字经济影响交通碳排放的模型，并通过面板回归、中介效应和空间计量等方法，分析数字经济对交通碳排放的影响效应和作用机理。

1.3.3 定性和定量分析相结合

定性分析是一种基于主观判断和案例研究的分析方法，通过深入理解现象的背景、特点及其发展过程，寻找现象背后的本质和规律。定量分析是一种基于数学方法和统计推断的研究方法，通过收集大量数据，运用各种数学模型和统计工具，描述、解释和预测现象。本书将定性分析和定量分析相结合，通过"自上而下"法和熵权法分别测算交通运输碳排放和数字经济发展水平，全面客观地阐述了阐释数字经济对交通碳排放的影响作用。

结合研究内容与方法，本书的技术路线图如图1–1所示。

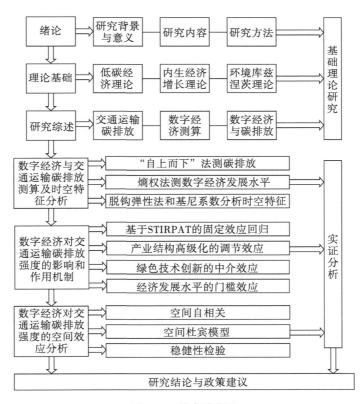

图1–1　技术路线图

2　理论基础与文献综述

2.1 概念界定

2.1.1 交通运输碳排放

交通运输是经济发展的基本需要，是现代社会的重要组成部分，同时也是资源配置和宏观调控的重要工具，在促进经济可持续发展中发挥关键作用。现代交通运输方式主要是道路、铁路、管道、航空和水路运输。交通运输碳排放主要包括直接排放和间接排放两种类型。直接排放是指在建设、运营交通基础设施过程中温室气体排放，以及交通运输过程中产生的温室气体；而间接排放是指因产业关联对碳基能源需求而产生的碳排放。联合国政府间气候变化专门委员会（IPCC）编写的《国家温室气体清单指南》指出，能源领域碳排放占据温室气体排放的主导地位。多数研究以能源消费碳排放来测算地区碳排放量，因此本书的研究对象是基于能源消耗的交通运输碳排放。

2.1.2 数字经济

数字经济孕育着社会经济的未来方向，反映了正在到来或已经到来的时代变革。2016年9月召开的G20杭州峰会，中国提出《二十国集团数字经济发展与合作倡议》，该倡议定义了数字经济——以使用数字化的知识和信息作为关键生产要素、以现代信息网络作为重要载体、以信息通信技术的有效使用作为效率提升和经济结构优化的重要推动力的一系列经济活动。

数字经济中的"数字"至少有两方面的含义：一是数字技术，包括仍在不断发展的大数据、云计算、人工智能、区块链等信息网络和信息技术，这些技术将极大地提高生产力，产生新的经济形态，创造新的财富。数字经济作为"智能经济"，不仅可以解放人的体力脑力，同时也将优化产业结构，推动传统产业转型升级，促进传统实体经济向新实体经济转型。二是数据，数据作为新的生产要素，与传统的资本、劳动生产要素相比，不仅能提高生产要素的使用效率和质量，更重要的是，数字经济会改变整个生产函数，加速资源重组，优化整体经济结构，提升全要素生产率，推动经济增长。

　　图2-1为数字经济"四化"框架[1]。数字经济发展经历了由"两化"演化至"四化"的过程。所谓"两化"，是指数字产业化和产业数字化[7]，其中，数字产业化是数字经济发展的基础产业，包括5G、大数据、云计算、人工智能、互联网等产业，这些产业将为数字经济的发展提供产品、技术、服务等。产业数字化则是数字经济发展的主阵地，也称为数字经济融合领域，是利用5G、云计划、大数据等技术对各行各业进行数字化赋能，为数字经济发展提供广阔空间。数字产业化和产业数字化相互促进、相互协作，数字产业化通过各种数字技术为产业提供服务，产业数字化促进企业建立数字化流程，确保企业快速稳定发展。可以说数字产业化是手段，产业数字化是目标。"第三化"是数字化治理，数字治理是数字经济快速健康发展的保障，通常指依托互联网、大数据等技术，建立健全行政管理制度体系，创新社会治理手段，优化社会治理模式，提升综合治理能力，如数字化公共服务、"数字经济＋治理"的技管结合等创新方式。《中国数字经济发展白皮书（2020年）》首次提出了"第四化"，即数据价值化[8]，价值化的数据作为新的生产要素重构了生产要素体系，是数字经济发展的关键。数据将推动资本、土地、劳动力等传统生产要素发生变革重组，与传统生产要素相结合，催生出新资本、新劳动力等，推动数字经济发挥倍增效应，对经济发展展现出巨大价值和潜能。习近平总书记指出："要构建以数据为关键要素的数字经济。"[2]加快数字价值化进程是数字经济发展的本质要求。

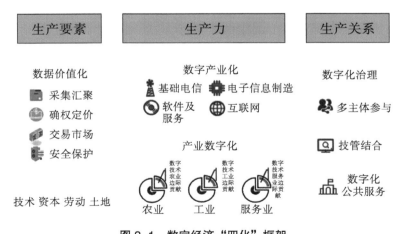

图 2-1　数字经济"四化"框架

---

①　资料来源：中国信息通信研究院。

②　习近平主持中共中央政治局第二次集体学习并讲话 [EB/OL].（2017-12-09）. https://www.gov.cn/xinwen/2017-12/09/content_5245520.htm.

2.2 理论基础

2.2.1 低碳经济理论

低碳经济出现于21世纪，是相对于高能耗、高污染的经济而言的。工业革命使经济从手工转化为依托技术的机械化工厂生产，带来了城市化和人口向城市转移。工业化和城镇化使经济快速发展的同时也产生了新的社会问题。例如，环境污染、资源短缺、住房拥挤、贫富分化等。21世纪以来，随着资源环境问题的进一步加剧，经济学家提出了"低碳经济"的理念。2003年，英国政府在能源白皮书《我们能源的未来：创建低碳经济》[9]首次提出低碳经济理论。低碳经济作为一种新的经济发展模式，突破了传统的经济学理论，强调经济发展的同时注意资源有效利用和环境保护，以最小的代价获取最大的回报。

在低碳经济背景下，为了贯彻绿色发展理念，建设交通强国，我国开展了一系列低碳交通实践，构建低碳经济综合交通体系。通过发展多式联运、降低运营成本、提升运输效率、扩大节能减排技术革新、发展使用清洁型能源、优化货物运输经济结构、创建低碳运输示范点等手段来实现交通运输和生态环境的可持续发展。在低碳经济的背景之下，本书通过探究中国交通运输碳排放的区域特征及差异，从而针对性地找出不同区域间降低交通运输碳排放的有效措施，故需以此理论为基础。

2.2.2 内生经济增长理论

以魁奈、亚当·斯密和李嘉图为代表的古典增长理论，主张资本或劳动在经济增长中起决定性作用。索罗提出的新古典增长理论发现资本和劳动等传统生产要素之外的因素对经济增长的作用，将技术进步视为外生变量，认为技术进步具有外生性和偶然性。内生经济增长理论认为技术进步是经济持续增长的决定因素。数字经济发展对社会经济增长的影响符合内生经济增长理论，本节以传统的柯布-道格拉斯函数（C-D）探究数字经济与经济增长的关系：

$$Q = AF(L, K) = \mu AL^{\alpha}K^{\beta} \qquad 式（2-1）$$

式中，Q代表社会产出水平，A为技术水平，L为投入的劳动总量，K为资本总量，α为劳动力产出的弹性系数，β为资本产出的弹性系数，μ为随机误差项。根据

α和β的组合情况，可以分为三种类型（见表2-1）。

表2-1　内生经济增长模型指数说明

指数关系	类型	说明
$\alpha + \beta < 1$	规模报酬递减型	现有技术水平下扩大生产规模来增加产出得不偿失
$\alpha + \beta = 1$	规模报酬不变型	现有技术水平下扩大生产规模不能增加产出，只有提高技术水平，才会提高产出
$\alpha + \beta > 1$	规模报酬递增型	在现有技术水平下扩大生产规模有利于增加产出

本书探究数字经济的影响，因此将生产函数改写为：

$$Q = (A \times A_d) L^{\alpha} K^{\beta} D^{\gamma} \mu \qquad 式（2-2）$$

式中，A_d为数字经济对全要素生产率的促进，D为数字资本投入，μ为随机误差项。将式等号两边同时取对数，得到：

$$\ln Q = \ln A + \ln A_d + \alpha \ln L + \beta \ln K + \gamma \ln D + \ln \mu \qquad 式（2-3）$$

等式两端同时关于D求偏导数：

$$\partial Q / \partial D = \gamma A A_d L^{\alpha} K^{\beta} D^{\gamma-1} \mu \qquad 式（2-4）$$

从式（2-4）中可以看出，数字经济促进经济发展，这种促进作用不仅取决于数字经济发展水平高低，还与劳动、资本等生产要素有较大的关系。在资本和劳动力等生产要素越充沛的地区，数字经济对经济的促进作用越明显。

2.2.3　环境库兹涅茨理论

20世纪90年代，美国经济学家Krueger发现经济发展与收入分配之间呈现倒"U"型曲线关系，即随着经济发展，收入分配差距呈现先扩大后缩小的趋势[10]。后来学者们借鉴倒"U"型曲线假说，并将该假说用于研究环境污染与人均收入的关系，环境库兹涅茨曲线（EKC曲线）假说就是在这种背景下产生的。

环境库兹涅茨理论认为，环境污染与经济增长之间具有先升后降的倒"U"型关系，从规模经济来看，经济发展意味着需要更多的资源投入，伴随更多的产出和污染物排放，当经济发展到一定水平时，技术进步提高能源使用效率，清洁技术不断替代传统高耗能技术，同时传统的高能耗高污染的重工业结构向知识密集型产业转变，从而使环境得到改善。从个人角度而言，当人们生活水平较低，群体无暇关注环境问题，而伴随着人们收入水平的不断提高，社会群体逐渐关注生活质量，对美好生活需求增加，对高质量环境需求也会相应增加。

虽然近年来虽然近年来我国环境治理的步伐明显加快，但污染物排放量仍然较高，我国仍处于城镇化和工业化阶段，环境污染问题依旧严峻。张楠等（2022）[11]利用环境库兹涅茨曲线探究多个国家经济发展与碳排放的关系。该研究表明，目前美国、英国、法国、意大利等国家已经达到碳达峰状态，进入EKC曲线的下降阶段，而中国目前仍然处于EKC曲线的上升阶段，经济发展与碳排放未实现脱钩，平衡经济发展与环境保护尤为重要。

本书探究数字经济对碳排放影响，因此在柯布-道格拉斯生产函数的基础上进一步更改：

$$Q_1 = AL^\alpha (K + K_c)^\beta u \qquad\qquad 式（2-5）$$

$$Q_2 = (A \times A_d) L^\alpha (K + K_c)^\beta D^\gamma \mu \qquad\qquad 式（2-6）$$

其中，将资本生产要素分为影响碳排放的K_c和不影响碳排放的K。当$Q_1 = Q_2$时，由于数字经济影响，导致Q_2时K_c比Q_1时K_c小，图像上表示为EKC曲线向左下方移动。此外，通过产业的数字化和智能化发展，提高能源利用效率，提升政府治理的精准性、高效性和预见性等多个方面使EKC曲线向X轴负方向平移，提前达到倒"U"型曲线的拐点，本书根据环境库兹涅茨理论和式（2-5）、式（2-6）绘制EKC曲线图和数字经济引起的EKC曲线变动图（见图2-2）。如图所示，数字经济发展使环境库兹涅茨曲线向左下方移动，从而调节碳排放量。

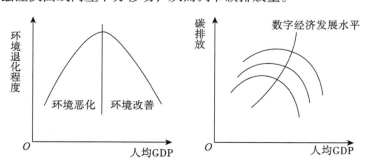

图2-2　EKC曲线（左）和数字经济引起的EKC曲线变动（右）

2.2.4　STIRPAT模型

美国生态学家Enrlich等（1971）[12]构建了IPAT模型，用来评估人口、经济和技术水平对环境带来的影响，即式（2-7），I、P、A、T分别表示环境压力、人口数量、经济因素和技术发展水平。

$$I = P \cdot A \cdot T \qquad\qquad 式（2-7）$$

York 等（2003）[13]在 IPAT 模型基础上提出随机环境影响评估理论模型，即 STIRPAT 模型，认为所有对环境造成影响的因素都可以引入模型中，STIRPAT 模型的标准形式为：

$$I = aP^b A^c T^d e \qquad\qquad 式（2-8）$$

式（2-8）中，a 为系数，b、c、d 为变量指数，e 为随机误差项，实际分析中通常对模型取对数，降低自变量间异方差影响。

$$\ln I = \ln a + b\ln P + c\ln A + d\ln T + \ln e \qquad\qquad 式（2-9）$$

本书研究数字经济对交通运输碳排放强度的影响，因此将 STIRPAT 模型改写为式（2-10），式中，C 表示交通运输碳排放强度，D 是数字经济技术进步带来的促进作用。

$$C = aP^b A^c (DT)^d e \qquad\qquad 式（2-10）$$
$$\ln C = \ln a + b\ln P + c\ln A + d(\ln D + \ln T) + \ln e \qquad\qquad 式（2-11）$$

2.3　文献综述

本节对现有相关文献研究进行综述，分别从交通运输碳排放和数字经济两个角度阐述。交通运输碳排放研究主要包括国内外交通运输碳排放量测算、交通运输碳排放的时空特征、交通运输碳排放的影响因素、交通运输碳排放量的预测四个方面。数字经济研究主要包括数字经济发展水平测度、数字经济与碳排放两个方面。通过相关文献综述，明确可借鉴的研究成果、研究方法以及需要进一步深化研究的问题，为本书后续章节研究提供理论基础与文献依据。

2.3.1　交通运输碳排放文献综述

交通运输业是我国碳排放的重点行业，约占全国总碳排放量的10%左右。由于我国城镇化进程加快、区域间的交流日益频繁且经济结构持续优化，导致交通运输业的碳排放量增长较快。交通运输业作为碳排放的大户，该行业的节能减排对于"双碳"目标的实现十分重要，因此关注和研究交通运输碳排放的现状和发展是十分必要的。本节主要从交通运输碳排放量的测算、交通运输碳排放的时空特征、交通运输碳排放的影响因素、交通运输碳排放量的预测四个方面对现有研究成果进行梳理和综述。

2.3.1.1 交通运输碳排放量的测算

一般来说，交通运输业碳排放研究第一步就是测算交通运输碳排放量，学者们尝试采用多种方法对交通运输碳排放量进行间接测度，学界目前主要采用四类方法进行度量："自上而下"法、"自下而上"法、生命周期评估法和"总量—结构"法。庄颖等（2017）[14]采用IPCC中"自上而下"法估算2001—2010年广东省交通碳排放量，并采用LMDI分解法分析影响广东省交通碳排放的因素，研究发现交通运输发展水平是碳排放增长的最主要因素。卢升荣（2018）[15]采用"自上而下"法，参考《省级温室气体清单编制指南》中各能源类型的碳排放因子，测算了长江经济带各省市交通运输碳排放量。闫紫薇（2018）[16]采用"自上而下"法计算了我国省级行政区的交通碳排放量。He K等（2005）[17]用"自下而上"法计算我国交通运输石油消耗量和碳排放情况。王晨妍（2021）[18]根据"自下而上"法计算了陕西省公路运输二氧化碳排放量。陈露露等（2015）[19]用"自下而上"法计算了江苏省公路运输、城市客运领域的碳排放量。张秀媛等（2014）[20]等以城市电动车、新能源车为研究出发点，测度了公共交通全生命周期的能源消耗和碳排放量，针对分析结果提出了城市交通系统节能减排建议。

采用"自下而上"法，需要收集不同车辆在不同速度下的行驶里程、能源类型、CO_2排放系数以及运输装备数量等数据，因此"自下而上"法测算交通运输碳排放量的准确性较高，但是数据获取难度较大。而"自上而下"法仅基于能源消耗量、碳排放因子、碳氧化率等数据计算交通运输碳排放量。该方法对数据的要求较低，计算结果具有可比性。基于现有中国统计制度，我国各类型机动车行驶里程、机动车保有量和能源消耗量等数据的可获得性较弱，因此本书采用"自上而下"法测算我国各省域交通运输碳排放量。

2.3.1.2 交通运输碳排放的时空特征

对现有文献梳理发现，学者们普遍采用标准差、变异系数、泰尔指数、计量经济学模型来探究交通运输碳排放量空间差异性。袁长伟等（2017）[21]对中国2003—2012年交通运输碳排放量进行核算，然后用标准差和变异系数定量分析我国东部、中部、西部交通运输碳排放量和交通运输碳排放强度的差异性，研究结果表明，我国三大区域的碳排放有明显的趋同效应，各区域碳排放差异变化逐步实现同步发展。张诗青等（2017）[22]用"自上而下"法测算了2000—2013年中国各省域交通运输碳排放量，并采用ESDA方法，即全局空间自相关和热点分析法探究省域碳排放的时空演变。研究表明，中国省域交通运输碳排放量的空间聚类存在显著的高值、低值聚类特征。杨绍华等（2022）[23]基于LMDI模型，探究我国长江经济带2000—2019年交通运输结构、人口规模、产业结构、经济发展对交通运输碳排放的影响程度和时空差异，研究结果表明碳排放区域差异出现"俱乐部趋同"现象，经济发展是长江经济带交通运输碳排放增加的主要因素。

2.3.1.3 交通运输碳排放的影响因素

交通运输碳减排在全球各国实现低碳经济发展中有着举足轻重的作用，要想深入理解交通运输碳排放的变化趋势，就必须研究其影响因素。一方面，探究交通运输碳排放与影响因素之间的关系，主要包括人口、经济、产业结构、能源结构、技术等因素。另一方面，主要通过构建因素分解模型、计量经济学模型对交通运输碳排放的影响因素进行分析及研究。Darido等（2014）[24]分析了中国17座城市的人口规模、人口密度、人均GDP等影响因素，指出人口规模的密集、收入的增加以及城市的扩张推动了交通运输业能源消费以及碳排放的增加。高标等（2013）[25]运用STIRPAT模型将吉林省1999—2011年交通运输碳排放分解为人口总数、人均GDP、单位GDP能耗、交通运输投资额、城市化率、私家车数量等6个影响因素，并对这些影响因素进行了全面的研究分析。Ang等（2000）[26]通过时间可逆性检验、因素可逆性检验和零值检验方法，比较了各种分解算法的性能，经过综合比较后发现LMDI分解法在理论基础、实用性和结果等方面有明显优势，因此近年来LDMI法被广泛应用于交通运输碳排放影响因素研究中。喻洁等[27]（2015）利用LMDI分解方法，将中国交通运输业划分为公路运输、水路运输、铁路运输、民航运输四种运输方式，分析了中国碳排放变化的主要影响因素。研究结果显示，主要影响因素为交通能源消费结构、交通运输强度、人均GDP、人口等。张国兴等（2020）[28]用LMDI法对各影响因素进行分解，通过构建扩展STIRPAT模型，基于1998—2017年黄河流域交通运输能源消耗数据预测不同情形下的碳排放趋势，结果显示推动碳排放量增长最主要的因素是人均GDP，起抑制作用的最主要因素是交通运输强度。

总的来说，广大学者从多角度对交通运输碳排放量的影响因素进行了深入研究，但是影响因素多聚焦于人口、技术、经济等方面。在互联网、大数据等数字化快速发展的大背景下，鲜有学者关注数字经济对交通运输碳排放的影响效应。

2.3.1.4 交通运输碳排放量的预测

碳排放量预测对未来碳排放政策制定有着十分重要的意义。目前预测碳排放的方法主要分为两种：第一种是通过以往的碳排放数据对未来碳排放进行趋势分析，主要是以历史碳排放量为自回归数据进行线性或非线性拟合；第二种是建立碳排放的驱动因素模型，通过预测各个影响因素来预测碳排放量。第一种方法的优点是数据需求量较小，只需要碳排放的历史数据，但同时也存在"惯性"问题，即对数据波动反映存在滞后现象，常用的方法包括ARIMA模型、线性回归法、灰色预测模型、神经网络模型等。第二种方法是通过构建因果关系来预测碳排放量，能根据未来政策规划预测碳排放，但是缺点是要对多个数据进行预测，存在一定主观性。赵成柏等（2012）[29]分析自回归移动平均模型和神经网络的特征，建立ARIMA-BP组合预测模型，对我国2008—2020年碳排放强度进行了预测。Zhang等（2014）[30]基于系统动力学预测城市交通能耗和碳排放。姜洪殿等（2016）[31]构建并联型灰色神经网络组合预测模型，对我国2020年新能源总量和各新能源消费量进行预测。栾紫清（2019）[32]基于2005—2016年陕西省交通运输能量消耗数据，运用灰色关联分析法研究了城市化率、人口数量、GDP等影响因素与交通运输碳排放关联度，同时基于灰色系统预测模型预测陕西省交通运输电力碳排放量。罗曼等（2022）[33]基于ARIMA时间序列模型、NAR神经网络模型、STIRPAT模型分别预测2025年萧山碳排放量，运用最优加权组合模型，将三种模型进行组合预测。结果显示，组合模型的各项评价指标比单一模型更好、组合模型精度更高。刘淳森等（2023）[34]构建LSTM碳排放模型，构建低碳、基准和高碳三种情景对交通运输碳排放量进行预测。Emami Javanmard M等（2023）[35]用自回归算法、支持向量回归、ARIMA、灰色预测等多目标模型和多种机器学习方法预测交通部门碳排放量。目前，学者对交通运输碳排放量预测主要采用组合预测，就是将多种预测方法赋予不同权重，形成组合预测模型。

2.3.2 数字经济文献综述

2.3.2.1 数字经济发展水平测度

由于数字经济具有跨行业的特点且容易受到地域限制，数字经济与传统的统计标准和产业分类存在一定的差距，测量数字经济的标准很难统一，目前度量数字经济方式大致分为两类：一是直接估算法，二是指标体系法。

直接估算法，通过界定数字经济范围，采用支出法、生产法、增长模型等方法直接估算数字经济规模。美国对测度数字经济的实践较早，1998年，美国商务部发布了数字经济发展报告，指出1998年美国信息技术部门增加值占GDP比重8.2%。国内测算数字经济的起步较晚，最早的是康铁祥（2008）[36]在综合国内外数字经济相关研究基础上，将包括通信设备制造业、信息传输服务业和计算机服务业在内的数字产业部门总增加值加上数字经济辅助活动创造的增加值综合计算了2002年中国数字经济总规模。2016年，中国信息化百人会借鉴了Jorgenson和Stiroh（1999）[37]的增长核算模型，将基础性数字经济和融合性数字经济加总得到数字经济增加值。彭刚等（2020）[38]基于数字经济基础层和融合应用的概念，借助增长核算模型，按照"先贡献、后增量、再总量"研究思路，测算我国2003—2018年数字经济总量，结果显示，数字经济规模保持快速增长。蔡跃洲等（2021）[39]基于数字经济协同性、替代性和渗透性等特征，将数字经济划分为"产业数字化"和"数字产业化"，运用Jorgenson-Griliches增长核算和计量等工具测算中国数字经济增加值，结果显示，2018年中国数字经济占GDP的17.16%，是中国经济的重要支撑。韩兆安等（2021）[40]运用马克思政治经济学理论构建数字经济测算框架并且测算我国省域数字经济规模。鲜祖德等（2022）[41]以2016年统计局发布的《数字经济及其核心产业统计分类（2021）》为标准，基于第四次全国经济普查数据和投入产出表，测算了我国数字经济产业规模。

指标体系法，基于多个维度建立数字经济测算指标，运用熵权法、主成分分析等方法测算数字经济发展水平。2010年前后，OECD针对日益兴起的数字经济进行测算，从促进增长带动就业、增强社会活力、基础设施投资等多方面测算数字经济发展水平。张雪玲等（2018）[42]通过界定数字经济内涵，从ICT初级应用、ICT高级应用、信息通信基础设施、信息和通信技术产业发展、企业数字经济化发展五个角度选取19个指标，运用熵权法测算2007—2015年我国数字经济发展水平。结果显示，我国数字经济发展总体呈上升趋势。金环等（2021）[43]选取2016—2018年中国地级市面板数据，基于腾讯研究院利用大数据测算的数字经济指数，构建了数字经济与城市创新水平的研究框架，并且采用最小二乘法、固定效应模型和空间溢出模型等分析数字经济对城市创新影响，结果显示，人力资本和创新活力等效应是数字经济赋能城市创新的重要途径。胡歆韵等（2022）[44]从数字经济基础设施、数字人才、数字滞后产业值和数字生态四个层次构建数字经济测算体系，运用熵权法测算省域数字经济发展指数。谢云飞（2022）[45]从数字产业化和产业数字化两个角度测算数字经济发展水平，并且分别考察了数字产业化和产业数字化对区域碳排放强度的影响和作用机理，结果显示"数字产业化"减排效应更加明显。刘军等（2020）[46]从信息化发展、互联网发展和数字交易发展三个维度构建数字经济评价指标体系，测算了中国省域数字经济发展水平，然后基于SAR模型，探究了外资依存度、政府干预度、居民工资等因素对数字经济的影响。

综上两种测度方法，直接测算法对数字经济的测度比较直观，可以宏观把握数字经济发展的总体水平。指标体系法则通过构建多维度、综合性指标体系，从不同方面反映数字经济的发展水平，并且现有大部分学者也都基于指标体系法构建指标研究数字经济发展水平。因此，本书选择指标体系法对数字经济发展水平进行量化研究。

2.3.2.2　数字经济与碳排放

数字经济的概念最早由 Tapscott 在1996年提出，Tapscott 指明IT在业务操作中发挥作用的方式，将数字经济与新经济交替使用，认为数字经济是一种不同的结构——强调高增长、低通胀和低失业率[47]，此后被学者们广泛研究，学者们普遍认为，任何基于数字商品或服务产生的经济产出，无论是全部还是部分依赖于数字技术，都属于数字经济的范畴[48-50]。除了赋能传统经济，蓬勃发展的数字经济还增强了整合资源和创新的能力，并在降低能源使用强度和碳排放方面也做出了重大贡献。Yang 等（2021）[51]利用动态 Durbin 模型和分位数回归模型，分析互联网发展对雾霾污染的影响，结果表明，互联网与雾霾污染间存在倒"U"型曲线，互联网通过提高技术创新和环境治理效率来影响雾霾污染。邓荣荣等（2021）[52]认为，数字金融发展通过经济增长效应、技术创新效应和产业结构效应降低碳排放强度。蒋金荷（2021）[53]基于环境外部性和技术创新思想，分析了数字绿色化是经济高质量发展的必然选择、新动力和根本途径，也是"双碳"目标的重要路径。Zhong 等（2022）[54]通过构建 PSTR 模型，检验数字经济对碳排放脱钩影响，结果表明，数字经济可以促进碳排放脱钩，但是这种效应会随着数字经济发展而减弱。余群芝等（2022）[55]研究发现，数字经济发展促进东中部地区经济集聚，并且通过经济集聚的正外部性发挥减排效应。Wang L 等（2023）[56]基于主成分分析法测算中国城市数字经济发展水平，并使用 SDM 和 GTWR 模型探究数字经济对碳排放的空间影响和时空异质性。结果显示，数字经济通过鼓励绿色技术发展、促进产业结构现代化来减少碳排放。王维国等（2023）[57]认为，数字经济能显著降低碳排放，但是由于人口规模和城市创新能力，数字经济对碳减排的影响存在门槛效应，且优化产业结构、推动技术进步、降低能耗强度是数字经济实现节能减排的重要机制。董瑞嫒等（2023）[58]探究数字经济与碳排放脱钩水平，发现全国数字经济与碳排放以弱脱钩为主，东部地区省份脱钩较为稳定。除此之外，学者们还将数字经济与不同行业结合，探究对多行业碳排放的影响。Liu等（2022）[59]采用双向固定效应模型实证检验数字普惠金融对减少农业碳排放有显著影响，且数字普惠金融的一阶二阶滞后对农业碳减排仍有显著效果。Chang（2022）[60]将数字金融与农业碳排放结合，采用双向固定效应模型、中介效应模型和调节效应模型研究数字对农业碳排放的影响，结果显示，数字金融通过提高农业技术创新和农民创收来减少碳排放。王山等（2024）[61]提出，数字经济对制造业碳排放效率有显著的"U"型影响，并且提出数字经济影响制造业碳排放效率的两条路径，分别是数字经济通过提高劳动生产率进而提高制造业碳排放效率，以及数字经济降级能源强度进而提高制造业碳排放效率。

通过对文献梳理发现，近年来数字经济蓬勃发展，其强大的资源整合和创新能力能在降低能源使用强度和碳排放方面做出重大贡献，并作为一种新型经济为各行各业赋能。虽然大部分学者认为数字经济在降低碳排放和环境污染方面有较大潜力，但是很少有学者研究数字技术与交通碳排放的关系，本书重点探讨数字经济对交通运输碳排放的影响效应和作用机制，分析数字经济给交通运输业带来的巨大直接和间接变化。同时根据研究结论，提出数字经济促进智能交通、降低交通运输碳排放的有效路径，为科学制定碳减排政策提供新视角。

3　数字经济发展水平的测算和时空特征

本章测算数字经济发展水平并分析其时空特征。首先，分析我国数字经济发展现状，包括数字经济规模、数字经济在三大产业中的渗透率以及数字经济相关指标。其次，构建数字经济综合评价指标体系，采用熵权法测算我国2008—2021年30个省区市的数字经济发展水平。最后，基于测算结果，综合评价各省域数字经济发展水平，为后文实证部分奠定基础。

3.1 数字经济发展现状

目前，全球经济呈现出数字化特征，人类社会也逐步进入数字化发展新阶段，数字经济已成为世界经济的主要形式。我国高度重视数字经济发展，"十三五"时期我国深化实施数字经济发展战略，不断完善数字基础设施，加快培育新经济发展业态。"十四五"时期，数字经济成为我国重要战略部署和发展方向，是我国经济实现转型、推动高质量发展的驱动力。

3.1.1 数字经济规模高速增长

根据中国信息通信研究院发布的中国数字经济规模相关数据和国家统计局公布的国内生产总值数据，分别绘制2015—2022年中国数字经济规模柱形图（见图3-1）和2016—2022年中国数字经济增速折线图（见图3-2）[①]。由图3-1和图3-2可以看出，中国数字经济规模整体上呈现加速增长态势，由2015年的19万亿元增长至2022年的50.2万亿元，增长了164%，年均增长率约为14.8%。数字经济占GDP比重逐年上升，2022年占比达41.48%，超过四成，相当于第二产业占GDP的比重，说明数字经济在国民经济中的地位越加稳固。从数字经济增速来看，2016年和2017年数字经济增速最快，最高达到20%左右，超同年GDP增速10个百分点，2018年后增速有所放缓，进入平稳增速状态。从数字经济和GDP增速对比发现，自2016年以来数字经济增速连续7年超过GDP增速，数字经济持续发挥"加速器"和"稳定器"作用，是

---

① 数据来源：中国信息通信研究院和《中国统计年鉴》。

我国经济增长的主要引擎之一。2020年，我国数字经济增速变缓，但依旧保持9.4%的高位增长，高于同期GDP 6.5个百分点。可能是因为在2020年新冠疫情冲击下，在线教育、居家办公、电子商务、视频会议等数字经济蓬勃发展，成为经济持续稳定增长的关键动力，也为疫情过后企业复工复产提供保障，展现出我国数字技术的深度应用和数字经济发展潜力。

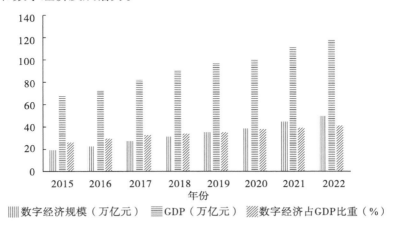

图 3-1　中国数字经济规模（2015—2022 年）

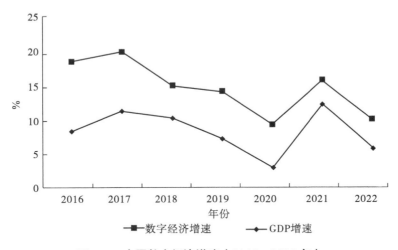

图 3-2　中国数字经济增速（2016—2022 年）

3.1.2　数字经济在三大产业中的渗透率

根据中国信息通信研究院发布的中国数字经济在三大产业占比相关数据，绘制2016—2022年数字经济在三大产业占比折线图（见图3-3）①。如图3-3所示，近年

①数据来源：中国信息通信研究院。

来我国三大产业数字经济占比逐年递增，2022年三大产业中数字经济渗透率分别是 10.5%、24%、44.7%，与2016年相比，数字经济渗透率增加值分别为4.3%、7.2%、15.1%，说明我国产业数字化发展逐年向深层次演进。同时第二产业数字经济渗透率和第三产业渗透率差距逐渐缩小，形成工业数字化和服务业数字化共同驱动发展格局。虽然我国数字经济与实体经济融合发展势头较好，但是我国数字经济与实体经济融合出现"三二一"产业逆向渗透趋势，第一、二产业数字化发展明显滞后于第三产业，由于农林牧渔等行业自身生产的自然属性的限制，每个环节都有特定的技术和要求，增加了农业数字化的复杂性，同时农业对环境和气候高度敏感，需要专业的知识和设备，增加了农业信息化的难度，这将极大影响劳动生产率的提高。我国数字经济渗透率与发达国家相比差距较大，即使数字化程度最高的第三产业也低于发达国家平均水平7至8个百分点。我国在数字转型中仍处于初步探索阶段，大量中小型企业需要打破传统管理模式和业务流程，建立完善的数据安全管理体系，构建更灵活、高效和协同的组织结构，以适应数字经济发展的需要。企业数字经济转型是一个充满挑战和机遇的过程，大多企业转型困难，面对数字鸿沟时不想转、不会转、不敢转。

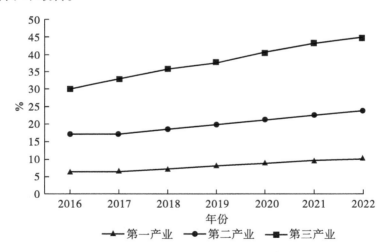

图 3-3　三大产业中数字经济渗透率（2016—2022 年）

3.1.3　数字经济相关指标分析

接下来对几个重要的数字经济相关指标进行描述性统计分析，以下图表数据均来源于各省域统计年鉴。依据相关数据分别绘制图3-4、图3-5和图3-6，对2008—

2021年我国各省域互联网宽带接入端口数、国内专利申请数及企业R&D经费支出变化情况进行统计分析。

图3-4显示的是2008—2021年中国各省域互联网宽带接入端口数。如图所示，互联网宽带接入端口总数处于前五位的分别为广东省、江苏省、山东省、浙江省和四川省，主要位于我国东部地区，且五个省域的互联网宽带接入端口数呈现出逐年递增的态势，其中四川省增幅最大，由2008年的391万个增长至2021年的6 708万个，年均增长率为24.44%。14年间互联网宽带接入端口最多的省域为广东省。可以看出，这些地区对互联网宽带接入端口数的需求较多，全省范围内较为重视。互联网宽带接入端口总数处于后五位的省域分别为青海省、宁夏回族自治区、海南省、天津市和甘肃省，主要位于我国西部地区，14年间互联网宽带接入端口最低的省域均是青海省，最低为25.6万个。从整体来看，我国各省域之间的互联网宽带接入端口数差距逐渐扩大，2021年最大差距约为8 900万个。东西部地区间、省域间的互联网宽带接入端口数差距较大，区域协调发展有待提升。

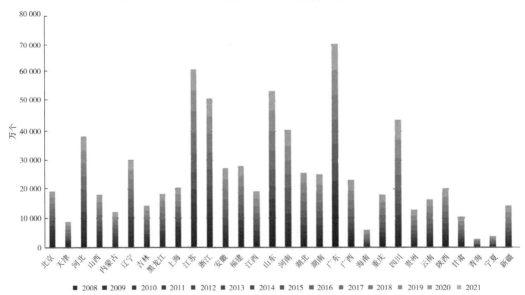

图3-4 2008—2021年中国各省域互联网宽带接入端口数

表3-1、表3-2显示的是2008—2021年中国各省域软件业务收入。不难看出，软件业务收入排名前五的省域分别为北京市、广东省、江苏省、上海市和山东省，均处于我国东部地区，且五个省域的软件业务收入呈现出逐年递增的态势，其中山东省增幅最大，由2008年的110.90亿元增长至2021年的2 164.23亿元，年均增长率为25.68%。软件业务收入总量排名靠后的五个省域分别为青海省、宁夏回族自治

区、新疆维吾尔自治区、甘肃省和内蒙古自治区，均处于我国西部地区，其中青海省软件业务收入一直处于全国最后一位，软件等高新技术行业有较大的发展空间。

表3-1　2008—2014年中国各省域软件业务收入

单位：亿元

省域	年份						
	2008	2009	2010	2011	2012	2013	2014
北京	651.88	777.91	911.73	1 107.55	1 326.48	1 554.50	1 841.98
天津	11.11	45.00	54.56	83.51	116.35	205.01	246.12
河北	19.47	21.32	23.47	29.19	28.86	35.86	37.06
山西	2.89	4.14	5.30	8.72	11.73	14.77	15.27
内蒙古	10.68	8.64	10.71	6.21	9.96	13.59	14.41
辽宁	160.52	245.14	338.50	540.64	701.12	970.01	1 074.73
吉林	32.00	40.00	47.00	50.00	59.40	82.57	102.51
黑龙江	19.91	21.97	23.26	33.46	38.77	50.48	57.64
上海	241.00	288.00	309.07	458.40	739.00	869.34	995.48
江苏	241.45	326.77	567.87	784.10	1 122.17	1 601.76	1 651.84
浙江	102.08	155.25	216.41	268.88	385.16	552.74	801.58
安徽	17.04	18.44	15.90	25.81	28.95	50.71	82.76
福建	73.95	109.70	175.79	248.83	322.05	330.34	551.58
江西	9.20	7.64	12.11	10.47	12.94	18.23	22.12
山东	110.90	142.81	264.68	382.71	480.68	793.37	1 266.68
河南	31.33	34.77	42.73	50.64	60.28	71.63	79.62
湖北	57.68	80.27	72.30	90.94	130.17	306.91	434.82
湖南	51.12	69.57	88.21	147.76	123.58	111.53	186.68
广东	1 012.64	542.12	561.00	1 203.03	1 566.28	1 345.55	1 530.59
广西	12.80	19.25	30.21	26.68	26.46	34.27	23.46
海南	0.40	0.06	0.46	1.77	5.76	4.53	9.26
重庆	28.91	18.13	43.13	65.01	92.25	75.00	118.27
四川	210.76	239.98	295.65	386.74	513.41	534.54	716.63
贵州	6.81	9.69	16.03	23.07	25.66	28.67	35.12
云南	3.66	3.59	6.96	6.19	5.27	8.06	11.26
陕西	41.04	51.56	66.20	104.80	145.10	196.68	270.94
甘肃	2.52	3.31	5.01	6.90	5.86	8.16	7.64

续　表

省域	年份						
	2008	2009	2010	2011	2012	2013	2014
青海	0.04	0.04	0.04	0.04	0.04	0.07	0.15
宁夏	0.34	1.18	1.39	2.05	2.34	3.34	3.36
新疆	1.68	1.88	2.28	3.72	4.95	4.64	8.94

注：表中数据由作者整理所得。

表3-2　2015—2021年中国各省域软件业务收入

单位：亿元

省域	年份						
	2015	2016	2017	2018	2019	2020	2021
北京	2 171.23	1 898.10	2 229.77	2 968.54	2 860.72	3 753.79	4 833.11
天津	250.26	269.32	303.17	354.56	409.86	467.29	536.42
河北	33.71	22.59	24.71	14.43	23.26	23.17	27.51
山西	11.62	6.83	7.85	8.57	11.98	12.88	13.97
内蒙古	13.45	12.00	9.56	8.12	9.51	4.28	2.52
辽宁	1 085.22	810.51	886.76	879.12	719.83	771.54	871.04
吉林	127.57	94.45	102.69	117.88	122.99	99.60	112.63
黑龙江	65.38	52.13	59.61	58.88	32.89	5.17	8.65
上海	1 185.24	1 084.60	1 193.77	1 313.15	1 600.64	1 760.28	1 961.47
江苏	1 633.48	1 956.25	2 039.06	2 090.74	2 090.37	2 383.37	2 505.59
浙江	963.22	902.41	1 028.60	1 176.04	1 341.00	1 580.46	1 387.64
安徽	85.48	91.61	108.17	126.35	151.84	173.36	244.26
福建	628.18	782.15	905.73	916.88	1 034.77	1 039.63	660.22
江西	29.95	25.28	31.71	33.18	76.60	72.42	86.56
山东	1 391.59	1 446.13	1 581.34	1 653.09	1 872.95	1 861.47	2 164.23
河南	77.18	83.15	28.13	23.33	35.55	28.04	38.51
湖北	533.15	594.38	697.68	837.66	896.43	864.06	839.41
湖南	203.63	188.80	209.57	221.15	254.03	282.16	273.09
广东	1 723.69	1 571.41	1 775.33	1 851.12	2 130.99	2 151.74	2 488.04
广西	8.99	10.07	10.25	17.88	14.48	17.76	71.79
海南	11.21	18.80	25.81	25.37	34.93	30.14	8.95
重庆	200.25	193.27	245.87	277.25	378.12	465.12	623.26
四川	829.71	793.57	926.47	1 001.17	1 048.28	1 142.15	1 127.98

续　表

省域	年份						
	2015	2016	2017	2018	2019	2020	2021
贵州	42.45	46.78	72.48	23.84	24.24	25.83	26.09
云南	11.45	9.47	12.31	13.62	17.68	15.39	27.18
陕西	316.54	361.79	441.58	513.49	301.21	682.38	784.56
甘肃	11.46	8.25	11.27	11.56	13.07	16.07	17.68
青海	0.30	0.12	0.25	0.34	0.23	0.30	0.66
宁夏	4.56	4.14	4.87	6.23	7.54	8.72	11.98
新疆	6.00	7.25	8.94	13.57	11.07	10.65	9.54

注：表中数据由作者整理所得。

图3-5是2008—2021年中国各省域专利申请数，可以发现，专利申请总量排名前五位的省域分别为广东省、江苏省、浙江省、山东省和北京市，5个省域均处于我国东部地区，而青海省、海南省、宁夏回族自治区、内蒙古自治区和新疆维吾尔自治区的专利申请数位于全国后五位，青海省的专利申请数一直处于全国末位，在2013年专利申请数首次突破1 000件。2020年，广东省专利申请数接近百万大关，其申请受理数为980 634件，同时青海省专利申请数为7 448件。我国各省域专利申请数差异较大，表现出东中西递减的分布态势。

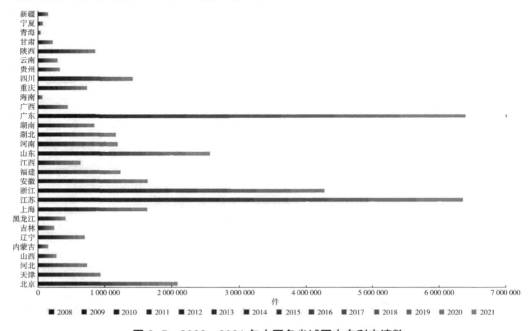

图3-5　2008—2021年中国各省域国内专利申请数

图3-6是2008—2021年中国各省域企业R&D经费支出，不难看出，各省域2008—2021年企业R&D经费支出呈现逐年上升的趋势，其中，广东省和江苏省的R&D经费支出相比其他省域而言一骑绝尘。具体而言，广东省由2008年的442亿元增长至2021年的2 902亿元，增长了556%，年均增长率为15.54%。江苏省由2008年的480亿元增长至2021年的2 716亿元，增长了465%，年均增长率为14.24%。广东省的R&D经费支出在2018年首次突破了2 000亿元，达到2 107.2亿元，同年江苏省的R&D经费支出也突破2 000亿元，为2 024.52亿元。R&D经费支出排名最后的五个省域分别为青海省、海南省、宁夏回族自治区、内蒙古自治区和新疆维吾尔自治区，除海南省外均处于我国西部地区。

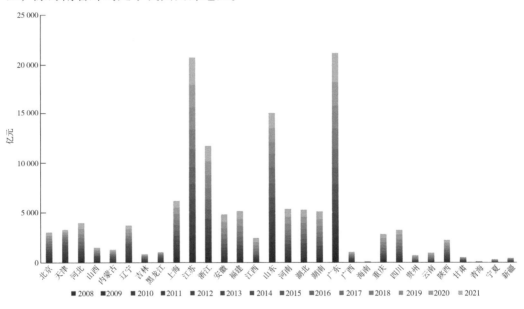

图 3-6　2008—2021 年中国各省域企业 R&D 经费支出

3.2　数字经济发展水平测算

3.2.1　指标体系构建原则

只有选择了准确、恰当、全面且具代表性的指标，系统、全面地对数字经济发展水平的各个要素进行研究分析，才能较为准确地反映数字经济发展的真实水平，确保结果的准确性和可信度。本书主要遵循以下几项原则。

3.2.1.1 目标性原则

为了更加客观、准确、科学地对数字经济发展水平进行分析，判断一个省域数字经济的真实水平，进一步探索提升一个省域数字经济的方针与对策，首先要明确评价分析的总体目标，从而有针对性地构建一套系统、全面、相互关联、相互影响、相互促进的指标体系。

3.2.1.2 全面性原则

全面性原则是指指标体系需要全面、系统地涵盖与数字经济相关的各个方面，同时需要注意指标的分类和层次结构。一个好的指标体系应该能够系统地反映目标的各个方面，而不是只关注某些片面或单一的方面。

3.2.1.3 科学性原则

研究分析所选取的指标应当遵循科学性原则，指标数据必须是客观、权威、有效、规范的，具有明确的数据来源和出处，有明确规范的定义以及计算方式。同时，指标数据要具备成熟理论基础，能够充分解释，且在实践中被认为是有效的，符合数字经济发展的规律。通过分析这样的指标数据，才是有效且有意义的，才能够客观反映一个城市实际的数字经济发展水平。

3.2.1.4 可操作性原则

构建指标体系与收集数据时，还要充分考虑当前国家的统计制度、统计数据以及统计方法，结合自身研究的客观条件，数据获取的难易程度，尽量选择可量化的、可方便获取的或者通过计算可以得到的数据进行指标构建，而不去选择难以量化且仅能定性，或者获取难度极大的数据指标。

3.2.1.5 可比性原则

可比性原则是指构建的指标体系应该具有可比性和可评估性，能够将不同时间、地点和对象的数据进行对比和分析。本书在建立数字经济发展水平指标体系时，考虑不同省域的具体情况，保证数据具有相同的统计口径，有利于进行纵向和横向的比较分析。

3.2.2 指标体系构建

数字经济源于数字技术的发展和应用,其主导技术是计算机和互联网技术。数字经济呈现出三个典型特征。一是数据成为核心生产要素,与传统生产要素不同,以数据要素为核心的资源得到有效配置,数据要素供给的维度不断丰富,使数据可以渗透到社会的方方面面。二是数字基础设施成为基本配套设施,以大数据、人工智能、云计算为代表的新一代信息技术成为经济发展的主导技术,高效、共享成为时代主题。三是数字经济成为经济发展的主要动力,科学技术是第一生产力,数字经济主导的科技创新将在未来引领中国经济发展,助力中国实现经济可持续发展。现有学者主要采用单一指标法和综合指标法构建指标体系,结合对数字经济特征分析,参考关会娟等(2020)[62]、高培培(2024)[63]的研究,基于目标性、可比性、科学性等原则,拟从数字基础设施、数字产业发展以及数字发展环境三个维度选取数字经济评价指标,最终测算数字经济发展水平。

数字基础设施是数字经济发展的基础,它提供了强大的数据处理和传输能力,电子商务、在线支付、共享经济等新型业态都离不开数字基础设施的支持,数字基础设施的建设和完善,不仅能带动就业,还能创造新的商业模式和经济增长点。数字产业发展是衡量数字经济发展水平的重要方面,数字产业通过不断创新和应用推动传统产业发展,推动产业转型升级。以数字发展环境为土壤,政策引导和支持为创新与研发提供了良好的环境,高素质的人才为数字经济发展注入了新的活力。如表3-3所示,数字经济发展水平综合评价指标体系包含了3个一级指标和10个二级指标,其中数字基础设施包括单位面积光缆长度、互联网宽带接入端口数、移动电话普及率;数字产业发展包括电信业务总量占GDP比重、软件业务收入占GDP比重、R&D支出占GDP比重;数字发展环境包括教育支出占政府支出比重、信息技术从业人员占比、专利申请率、高校平均在校生人数占比。

表3-3 数字经济发展水平综合评价指标体系

一级指标	二级指标	单位	指标类型
数字基础设施	单位面积光缆长度	公里/平方公里	+
	互联网宽带接入端口数	万个	+
	移动电话普及率	%	+
数字产业发展	电信业务总量占GDP比重	%	+
	软件业务收入占GDP比重	%	+
	R&D支出占GDP比重	%	+

续 表

一级指标	二级指标	单位	指标类型
数字发展环境	教育支出占政府支出比重	%	+
	信息技术从业人员占比	%	+
	专利申请率	件/万人	+
	高校平均在校生人数占比	%	+

3.2.3 研究方法

3.2.3.1 熵权法

综合评价方法主要包括主观评价法和客观评价法两种。主观评价法将较为重要指标赋予较大的权重，评价结果具有一定的主观性，常用的有主成分分析法、德尔菲法等。客观评价法根据数据中包含的客观信息和指标间的关系来确定权重。熵权法是一种常用的客观赋权法，它是根据指标变异程度确定权重，某个指标的信息熵越小，指标值的变异程度越大，则提供的信息量越多，在综合评价中所能起到的作用也越大，其权重也就越大。为了避免主观因素带来的影响，我们采用熵权法来测算2008—2021年我国30个省区市的数字经济发展水平，熵权法具体步骤如下：

第一步，数据标准化处理。由于不同指标的单位和数量级差异较大，需要对指标进行标准化处理：

$$正向指标：y_{ij} = \frac{x_{ij} - \min(x_{ij})}{\max(x_{ij}) - \min(x_{ij})} \qquad 式（3-1）$$

$$负向指标：y_{ij} = \frac{\max(x_{ij}) - x_{ij}}{\max(x_{ij}) - \min(x_{ij})} \qquad 式（3-2）$$

式中，x_{ij} 是第 i 个样本的第 j 个指标值，i 表示省域，j 表示指标，max 和 min 分别表示最大值和最小值。

第二步，计算各指标的熵值 e_j：

$$e_j = -ln\frac{1}{n}\sum_{i=1}^{n}[(y_{ij}/\sum_{1}^{n}y_{ij})] * ln(y_{ij}/\sum_{i=1}^{n}y_{ij})] \qquad 式（3-3）$$

第三步，计算各指标的权重 w_j：

$$w_j = (1-e_j)/\sum_{j=1}^{m}(1-e_j) \qquad 式（3-4）$$

第四步，计算综合得分：

$$z_i = \sum_{i=1}^{m}w_j y_{ij} \qquad 式（3-5）$$

3.2.3.2　指标权重分析

依据数字经济发展水平综合评价指标体系，用熵权法测算数字经济3个一级指标、10个二级指标的权重，结果见表3-4。可以看出，数字经济3个一级指标权重排序为数字发展环境>数字基础设施>数字产业环境，数字发展环境和数字基础设施是制约各地数字经济发展的主要因素。二级指标中单位面积光缆长度、软件业务收入、专利申请率占比格外突出，分别为23.94%、16%和13.05%。

表3-4　数字经济发展水平指标权重

一级指标	二级指标	二级指标权重	一级指标权重
数字基础设施	单位面积光缆长度	0.239 4	0.354 3
	互联网宽带接入端口数	0.090 5	
	移动电话普及率	0.024 4	
数字产业发展	电信业务总量占GDP比重	0.089 5	0.286 7
	软件业务收入占GDP比重	0.160 0	
	R&D支出占GDP比重	0.037 1	
数字发展环境	教育支出占政府支出比重	0.019 8	0.359 1
	信息技术从业人员占比	0.093 8	
	专利申请率	0.130 5	
	高校平均在校生人数占比	0.114 9	

3.3　数字经济发展水平特征分析

3.3.1　中国数字经济发展水平

依据数字经济发展水平测算结果，绘制2008—2021年中国数字经济发展指数及其三个分项指数的变化情况图（见图3-7）。由图3-7可知，14年来，中国数字经济发展水平整体呈逐年上升趋势，增长趋势相对稳定，由2008年的4.22点上升至2021年的5.28点，增幅为25.04%，年均增长率为1.73%，数字经济发展水平明显提升。其中，2017年中国数字经济发展水平增长率最高，由2016年的4点增长至2017年的4.7点，增幅为17.56%，这可能是因为2017年国家互联网信息办编制了《数字中国建设发展报告（2017）》，总结了党的十八大以来数字中国取得的重大成就和基本经验，强调抓住信息化发展的历史机遇，加快建设数字中国。在数字经济的三个分项指标中，数字发展环境指数增幅最多，由 2008 年的 1.26 点上升至 2021 年的 2.59 点，增幅为 105.25%，年均增长率为 5.68%。"十三五"规划以来，国家高度重视数字经济发展，出台一系列政策，不断优化数字经济发展环境，鼓励技术创新和模式创新，有利于数字经济健康发展，牢牢抓住技术革命先机。

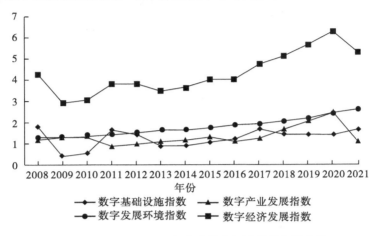

图 3-7　2008—2021 年中国数字经济发展指数变化

3.3.2　中国省域数字经济发展水平

根据熵权法，测算出我国 30 个省域 2008—2021 年的数字经济发展水平，为了便于观察，了解区域差异，将中国 30 个省域分为东部、中部和西部三大区域[①]，分别测算三大区域数字经济发展平均水平并绘制三大区域数字经济发展水平折线图。（见附录 1、图 3-8）

从省域角度分析数字经济发展水平，各省域的数字经济发展水平都有一定程度的提高，根据当年该省域数字经济综合评分与全国数字经济平均得分比较，本书将30 个省域划分为三大梯队。第一梯度包括北京、广东、江苏、上海、天津，这 5 个省域在 14 年间的数字经济发展水平均高于平均得分，处于第一梯队的省域全部位于东部地区。第二梯度包括辽宁、山东、浙江、宁夏、陕西、四川，这些省区 14 年间有超过一半的年份数字经济发展水平高于平均分，其中浙江省只有 2011 年未达到平均水平。宁夏回族自治区自 2008 年后数字经济发展始终高于平均水平，排名由 2008 年的第 22 名上升到第 8 名。宁夏回族自治区地理位置独特、干旱少雨、沙漠戈壁环绕，从传统观念来看，宁夏气候、资源等都是经济发展的不利因素，但是大数据和

----

①东部、中部、西部三大区域划分见附录 4。

算力行业异军突起为银川、中卫等地提供了"换道超车"的绝佳契机，借"东数西算"的东风，宁夏不断谋求数字应用和数字交易的突破，进一步释放数字对经济发展的倍增作用，持续推动数据赋能各行各业转型。宁夏正把发展数字经济作为战略性举措扎实推进，随着新基建等"硬基础"不断夯实，政策服务"软环境"持续优化，数字经济必将为其经济高质量发展打开更广阔的空间。第三梯度包括河北、安徽、黑龙江、吉林、山西、甘肃、广西、新疆等省域，这些地区由于部分工业化的发展模式和数字资源要素缺乏，数字经济整体发展处于中下水平。

从东部、中部、西部三大区域来看，近年来三大区域数字经济发展水平逐年增加，其中东部地区增幅最大，为54.6%。一方面，三大区域数字经济发展指数方差由2008年的0.000 6增加至2021年的0.005，东部地区数字经济发展水平逐年高于中西部地区，区域间数字经济差距逐年扩张。东部地区对外开放水平和创新性水平较高，结合政策安排和自身地理位置优越、产业优势、资源禀赋，不断提升数字经济发展水平。而欠发达地区本身数字经济发展起步较晚，基础设施落后、经济基础薄弱、人力资源匮乏进一步限制了数字经济的发展，拉大了区域间的数字经济差距。在"十四五"规划中，如何提升欠发达地区数字经济发展水平，解决数字经济发展不平衡、不充分等问题，将成为一个重要的课题。另一方面，2021年东部、中部和西部地区数字经济发展指数方差分别为0.012、0.000 3和0.001 4，相比而言，东部地区各省份间数字经济发展差距较大，该地区的"数字鸿沟"明显大于其他地区，这主要体现在北上广等省市的数字经济发展水平远高于其他地区。未来，如何将发达地区的数字经济发展经验传播到其他地区，是解决中国省际"数字经济差距"的有效途径之一。

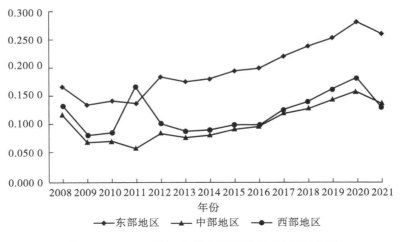

图 3-8　2008—2021 年三大区域数字经济发展水平

3.4　数字经济发展水平的区域差异分析

3.4.1　数字经济发展水平的空间分布特征

运用ArcMap10.8软件，研究我国省域数字经济发展水平的空间演变特征，反映我国数字经济发展水平的空间分布特征和变化趋势。运用自然断点法，将各省域数字经济发展高低分为五个等级（优秀、良好、中等、及格、不及格），颜色越深表示该省数字经济发展水平越高，颜色越浅表示该省数字经济发展水平越低。2008—2021年全国30个省域的数字经济发展水平呈逐年增长趋势，空间上整体呈现出东部高、西部低、南部高、北部低且较为稳定的特点。从区域来看，沿海地区数字经济发展水平比内陆地区高，江苏、浙江、广东、上海的数字经济发展水平一直处于较高量。

进一步，将我国省域数字经济演化归纳为演化退步、演化不变和演化进步三种类型（见表3-5）。我国省域数字经济演化存在集聚效应和两极分化现象，在演化不变类型中，北京数字经济发展水平始终居于首位，而新疆数字经济发展水平始终居于末位，此外江苏、上海、浙江数字经济发展水平较高且较稳定。在演化进步类型中，安徽的数字经济发展水平有了显著提高，从2008年的不及格变为2021年的中等状态。在演化退步类型中，2008年数字经济发展水平较高的东部省域与发展水平中等的中西部地区都出现了降级现象，这可能是其他省域数字经济发展较快，导致这些地区数字经济发展水平相对下降。

表3-5　2008—2021年我国各省域数字经济演化类型

演化类型	省域	数量/个	占比/%
演化进步	江西、安徽、福建、重庆	4	13.33
演化不变	北京、江苏、上海、浙江、山东、湖北、海南、宁夏、青海、河北、新疆	11	36.67
演化退步	天津、广东、四川、陕西、湖南、广西、内蒙古、黑龙江、吉林、辽宁、河南、甘肃、云南、贵州、山西	15	50

3.4.2　基尼系数及其分解

基尼系数最早由Dagum（1997）[64]提出的，最初是基于洛伦兹曲线衡量收入分配的指标，其取值范围为0~1，该值越大说明收入分配越不平等，当基尼系数为0

时，表明收入分配绝对均等。后来基尼系数多用来衡量区域间的差异性，本书借助基尼系数测度数字经济区域差异及其来源。公式为：

$$G = \frac{1}{2n^2u} \sum_{j=1}^{k} \sum_{h=1}^{k} \sum_{i=1}^{n_j} \sum_{j=1}^{n_h} |y_{ji} - y_{hr}| \qquad \text{式（3-6）}$$

$$G_{jj} = \frac{1}{2n^2u_j} \sum_{i=1}^{n_j} \sum_{r=1}^{n_j} |y_{ji} - y_{jr}| \qquad \text{式（3-7）}$$

$$G_{jh} = \frac{1}{n_j n_h (\mu_j + \mu_h)} \sum_{i=1}^{n_j} \sum_{r=1}^{n_h} |y_{ji} - y_{hr}| \qquad \text{式（3-8）}$$

$$G_w = \sum_{j=1}^{k} G_{jj} p_j s_j \qquad \text{式（3-9）}$$

$$G_{nb} = \sum_{j=2}^{k} \sum_{h=1}^{j=1} G_{jh} D_{jh} (p_j s_h + p_h s_j) \qquad \text{式（3-10）}$$

$$G_t = \sum_{j=2}^{k} \sum_{h=1}^{j=1} G_{jh} (1 - D_{jh})(p_j s_h + p_h s_j) \qquad \text{式（3-11）}$$

$$d_{jh} = \int_0^\infty dF_j(y) \int_0^y (y - x) \, dF_h(x) \qquad \text{式（3-12）}$$

$$p_{jh} = \int_0^\infty dF_h(y) \int_0^y (y - x) \, dF_j(x) \qquad \text{式（3-13）}$$

$$D_{jh} = \frac{d_{jh} - p_{jh}}{d_{jh} + p_{jh}} \qquad \text{式（3-14）}$$

式中，G 为总体基尼系数，按照子群分解的方法，将总体基尼系数分解为区域内差异贡献（G_w）、区域间差异贡献（G_{nb}）、超变密度贡献（G_t）三部分，区域内差异是指地区内部数字经济发展的差异，区域间差异是指地区间数字经济发展的不平衡，超变密度是指由于区域交叉重叠现象，从而作用于区域数字经济发展差异的贡献过程。

式中，G_{jj} 和 G_{jh} 分别表示区域内基尼系数和区域间基尼系数；y_{jt} 表示任意省域的经济发展水平；u 为数字经济发展水平均值；n 为省域个数（$n=30$）；k 为区域个数（$k=3$，东部、西部、中部）；其中，$p_j = n_j/n$ $s_j = n_j u_j/nu$；d_{jh} 为区域 j 中省域数字经济发展水平大于区域 h 中省域数字经济发展水平的样本期望值；p_{jh} 为区域 h 中省域数字经济发展水平大于区域 j 中省域数字经济发展水平的样本期望值；D_{jh} 为两个区域间数字经济发展水平的相对影响。

3.4.2.1 数字经济区域内基尼系数

使用StataMP 18测算2008—2021年我国数字经济发展水平的总体基尼系数以及东部、中部、西部区域内基尼系数，测算结果如表3-6、图3-9所示。中国数字经济发展水平的区域差异较为明显，总体基尼系数以及三大区域的基尼系数表现为

"先升后降，再升再降"的"M"型变化趋势。观察期内2011年我国各省域数字经济发展水平差异最大，2020年差异最小，全国各省域基尼系数从2008年的0.168上升至2021年的0.248，增长了47.62%，年均增长率为3.04%，省级不均衡性扩大原因可能是由于产业结构、经济基础以及资源禀赋不同，东部地区拥有完善的数字基础设施、先进的科技水平和高质量的数字化人才，使得数字经济发展有明显的省际差异。

就三大区域变动幅度而言，东部地区的基尼系数从2008年的0.196上升至2021年的0.209，增长了6.63%；中部地区的基尼系数从2008年的0.096下降至2021年的0.071，下降了26%；西部地区的基尼系数从2008年的0.135上升至2021年的0.160，增长了18.5%。三大区域中，只有中部地区的数字经济发展水平差异缩小。最后横向对比，东部地区数字经济发展不均衡程度最高，西部次之，中部最小，这与东部和西部地区内省域数字经济发展步调不一致有关，而中部地区各省域发展较为均衡，数字经济发展水平波动较小。

表3-6 2008—2021年我国数字经济基尼系数

年份	总体基尼系数	区域内基尼系数			区域间基尼系数		
		东部	中部	西部	东-中	东-西	中-西
2008	0.168	0.196	0.096	0.135	0.182	0.178	0.126
2009	0.240	0.251	0.109	0.135	0.272	0.246	0.132
2010	0.231	0.225	0.007	0.134	0.261	0.233	0.123
2011	0.318	0.248	0.112	0.233	0.307	0.261	0.338
2012	0.307	0.199	0.193	0.293	0.284	0.299	0.263
2013	0.269	0.220	0.083	0.161	0.281	0.273	0.138
2014	0.267	0.214	0.083	0.172	0.274	0.273	0.145
2015	0.257	0.204	0.077	0.170	0.259	0.265	0.143
2016	0.256	0.195	0.079	0.165	0.252	0.267	0.139
2017	0.223	0.177	0.096	0.162	0.223	0.231	0.139
2018	0.209	0.175	0.063	0.131	0.219	0.215	0.111
2019	0.183	0.162	0.049	0.111	0.199	0.187	0.095
2020	0.180	0.169	0.045	0.104	0.201	0.184	0.090
2021	0.248	0.209	0.071	0.160	0.240	0.270	0.132

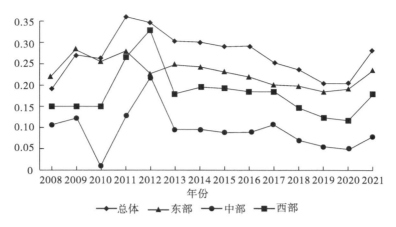

图 3-9 2008—2021 年我国数字经济区域内基尼系数

3.4.2.2 数字经济区域间基尼系数

使用 StataMP 18 分别测算 2008—2021 年我国东-中部、东-西部以及中-西部的基尼系数，分析数字经济发展水平的区域间差异（见表3-6、图3-10）。可以看出，东-西部区域、东-中部区域间差异较大，中-西部区域间差异较小。东-西部基尼系数由 2008 年的 0.178 上升至 2021 年的 0.270，升幅约 51.08%。东-中部基尼系数由 2008 年的 0.182 上升至 2021 年的 0.240，升幅约 31.82%。除 2011 年外，中部和西部间数字经济水平差异较为稳定。可能是因为东部与中西部地区在经济和社会方面存在诸多差异，东部经济实力雄厚、对外开放程度高，而且地处环渤海、长三角地区，具有先天位置优势。但是，西部地区基础设施和科技创新水平滞后。在短时间内东部、西部地区的数字鸿沟很难改变。

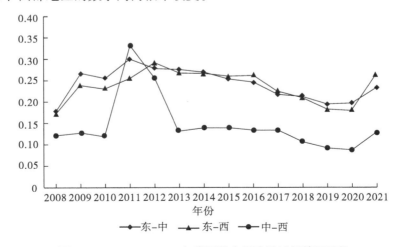

图 3-10 2008—2021 年我国数字经济区域间基尼系数

3.4.2.3 数字经济地区差异来源及贡献率

为了更好地解释我国数字经济发展水平差异来源，将基尼系数分解成区域间、区域内和超变密度，并测算其贡献率（见表3-7、图3-11）。

2008—2021年区域内、区域间、超变密度贡献率较为稳定，波动幅度不大。从贡献率具体值来看，2008—2021年区域间差异对数字经济总体差异的平均贡献率高达63.87%，区域内差异平均贡献率为25.28%，超变密度平均贡献率最小为10.85%。说明东中西部间差异长时间主导着我国数字经济整体不均衡。从差异来源的演变趋势来看，数字经济区域间差异逐渐扩大，基尼系数从由2008年的0.073上升到2021年的0.170，增幅为132.87%。可见随着近年来以数字技术为支撑、数字资源为关键要素的数字经济蓬勃兴起，我国数字经济发展水平的区域间差异也随之扩张。因此，为了推动我国数字经济高质量发展构建国家竞争新优势，解决区域不均衡的问题迫在眉睫，促进中国数字经济协调健康发展，重点应从缩小区域间差异着手。

表3-7　2008—2021年我国数字经济基尼系数贡献率

年份	区域间基尼系数	区域内基尼系数	超变密度	区域间基尼系数贡献率/%	区域内基尼系数贡献率/%	超变密度贡献率/%
2008	0.073	0.054	0.041	43.620	32.000	24.380
2009	0.150	0.067	0.022	62.590	28.020	9.380
2010	0.153	0.061	0.017	66.340	26.280	7.384
2011	0.172	0.081	0.065	54.220	25.380	20.390
2012	0.172	0.079	0.055	56.110	25.840	18.050
2013	0.187	0.064	0.081	69.540	23.910	6.550
2014	0.182	0.064	0.021	68.080	23.960	7.960
2015	0.173	0.061	0.023	67.250	23.780	8.970
2016	0.173	0.059	0.025	67.430	22.950	9.620
2017	0.140	0.055	0.028	62.640	24.770	12.590
2018	0.143	0.050	0.017	68.710	23.985	7.300
2019	0.127	0.044	0.011	69.610	24.180	6.210
2020	0.126	0.044	0.010	69.730	24.660	5.610
2021	0.170	0.060	0.019	68.340	24.180	7.480

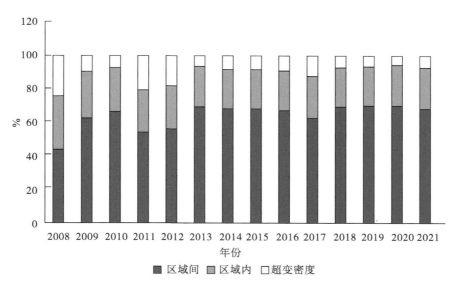

图 3-11 2008—2021 年我国数字经济基尼系数贡献率

3.5 本章小结

本章首先分析了数字经济发展现状，其次基于指标构建原则和前人研究，构建数字经济综合指标体系，用熵权法测算 2008—2021 年我国 30 个省域的数字经济发展水平，最后分析数字经济发展水平的时空特征和区域差异。结果显示：（1）中国数字经济规模整体上呈现加速增长态势，数字经济增速连续多年超过 GDP 增速，持续发挥"加速器"和"稳定器"作用，是我国经济增长的主要引擎之一。（2）从省域来看，各省域的数字经济发展水平都有一定程度提升，其中东部地区数字经济增速最快。（3）数字经济发展水平表现出明显的区域差异性，东西部地区数字经济差距最大。从区域内来看，东部地区数字经济发展不均衡程度最高，西部次之，中部最小。

4 交通运输碳排放的测算和时空特征

探究交通运输碳排放演变规律与时空特征是交通节能环保政策制定的基础和前提，同时也为后续数字经济影响交通运输碳排放和交通行业节能减排提供研究基础和数据支撑。因此本章首先用"自上而下"法测算交通运输碳排放量，并刻画其时空特征和区域差异。我国幅员辽阔，交通运输业发展与碳排放具有不均衡性，从时间、空间刻画交通运输碳排放分布特征和区域差异，更有利于我国各省域碳减排政策的制定和责任划分。

4.1　交通运输碳排放量的测算

4.1.1　交通运输碳排放量测算方法

我国交通部门测算碳排放的方法主要是"自上而下"法和"自下而上"法。"自上而下"法是以城市交通燃料消耗统计为基础的，来测算城市交通的二氧化碳排放量。"自下而上"法是以城市交通车辆数、出行距离等数据为基础，来测算城市交通的二氧化碳排放量，"自下而上"需要考虑不同交通工具的行驶里程和能耗等数据且数据的可获得性较差，为了保证结果的准确性，本书借鉴曾晓莹等（2020）[65]的研究，采取"自上而下"法测算我国交通运输碳排放量。

交通运输化石燃料碳排放量的计算公式：

$$C_1 = \sum_i^6 E_i \times T_i \times R_i \times ALC_i \times \frac{44}{12} \qquad \text{式（4-1）}$$

其中，C_1 代表化石燃料消耗产生的 CO_2 排放量，i 是能源种类，E_i 是第 i 种能源消费量，T_i 表示第 i 种能源的单位碳含量，R_i 表示第 i 种能源的碳氧化率，ALC_i 是第 i 种能源的平均低位发热量，$\frac{44}{12}$ 表示碳与二氧化碳的转换系数。

电力碳排放量的计算公式：

$$C_2 = EC \times F \qquad \text{式（4-2）}$$

其中，C_2 代表电力消耗产生的 CO_2 排放量，EC 表示电力消耗量，F 表示电网单位供电平均二氧化碳排放。

交通运输碳排放总量计算公式：

$$CO_2 = C_1 + C_2 \qquad\qquad 式（4-3）$$

表4-1 计算化石燃料碳排放量所需参数

能源名称	平均低位发热/（kJ/kg）	单位碳含量/（吨碳/TJ）	碳氧化率/%
原煤	20 908	26.37	0.94
汽油	43 070	18.90	0.98
煤油	43 070	19.60	0.98
柴油	42 652	20.20	0.98
燃料油	41 816	21.10	0.98
天然气	38 981	15.32	0.99

表4-2 电网单位供电平均二氧化碳排放

电网名称	覆盖区域	单位碳排放/（kg/kW·h）
华北区域	北京市、天津市、河北省、山西省、山东省、内蒙古自治区	1.246
东北区域	辽宁省、吉林省、黑龙江省	1.096
华东区域	上海市、江苏省、浙江省、安徽省、福建省	0.928
华中区域	河南省、湖北省、湖南省、江西省、四川省、重庆市	0.801
西北区域	陕西省、甘肃省、青海省、宁夏回族自治区、新疆维吾尔自治区	0.977
南方区域	广东省、广西壮族自治区、云南省、贵州省	0.714
海南	海南省	0.917

4.1.2 数据说明

2008—2021年我国省域交通运输能源消费量的数据来源于《中国能源统计年鉴》。选取表中"交通运输、仓储和邮政业"的相关数据，由于仓储和邮政业能源消费占比较小，所以本书将此项数据直接看作交通运输能源消费量。因为《中国能源统计年鉴》缺少2022年的数据，不再计算2022年交通运输碳排放量。选取我国交通运输能源消耗占比较大的7种能源来计算交通运输碳排放量，分别是原煤、汽油、柴油、天然气、煤油、燃料油、电力。

平均低位发热量、折标准煤系数和最终能源消耗量指标来源于《中国能源统计年鉴》；单位碳含量、碳氧化率和区域电网单位供电平均二氧化碳指标来源于《省级温室气体清单编制指南》。

4.2 交通运输碳排放的时间特征

目前对交通运输碳排放量时间特征的研究主要集中于交通运输碳排放绝对量变化，这种研究可以用于分析某一时点或时间段碳排放绝对量的变化特点，但是无法描述交通运输碳排放的短期相对性变化特征。本书运用描述性统计分析从全国、区域两个层面对交通运输碳排放量的时间演变特征与规律进行分析。同时构建交通运输碳排放脱钩弹性指数模型分析我国交通运输碳排放的短期相对变化。

4.2.1 全国交通运输业碳排放演变分析

通过"自上而下"法测算出的我国交通运输碳排放量和碳排放强度，并将具体结果呈现在图4-1、图4-2中。

2008—2021年我国交通运输碳排放量呈现波动上升趋势，并且未来继续增加的可能性较高。我国交通运输碳排放量在2008—2012年呈快速增长态势，由65 462万吨增加至87 374万吨，增幅约为33.47%，年均增长率为7.49%。2013年排放量较2012年下降了4 975万吨，降幅约为5.69%，自2013年后又呈现稳步上升态势，但是增长速率与2008—2012年相比较为缓慢，年均增长率为3.77%。2020年交通运输碳排放较2019年下降10 554万吨，降幅约为10.26%，可能与2020年新冠疫情导致化石燃料消耗减少有关。2008—2021年我国交通运输能耗量和交通运输业增加值都呈现增长趋势，与碳排放量增长曲线相比，增长幅度较平缓，其中交通运输业增加值增长最为平缓，这说明目前交通运输行业的发展对能源依赖性仍然较强，以消耗能源谋求交通运输业快速发展。

进一步对我国交通运输碳排放强度进行分析，交通运输碳排放强度是碳排放量和GDP的比值，交通运输碳排放强度不仅可以直接体现出碳排放与经济发展的关系，而且是衡量能源利用效率的重要指标。2008—2021年我国交通运输碳排放强度呈现下降趋势，从3.82吨/万元下降到2.07吨/万元，降幅约为45.57%，超过了向国际社会承诺的40%～45%的目标，基本扭转了二氧化碳排放快速增长的局面，我国交通运输发展与碳排放存在正向耦合关系，有较大的减排潜力。这与我国实施交通能源结构不断优化，以煤为主的能源结构向多元化能源结构的转变、技术升级创新、碳交易市场不断完善等针对性措施有关。

虽然我国交通运输业节能减排工作取得重大成就，但是目前我国交通运输碳排放量逐年增长，交通运输脱碳较为困难，产业结构优化升级、能源消费等方面还需要进一步完善，应该继续推进清洁能源的开发和应用，推动交通运输产业结构进行调整，加强科技创新和合作，倡导低碳生产和生活方式等，以达到可持续发展目标。

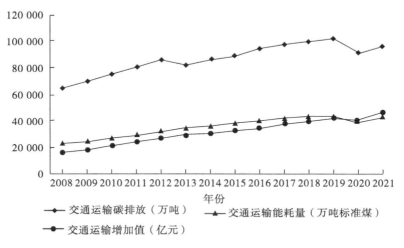

图 4-1　2008—2021 年中国交通运输碳排放量

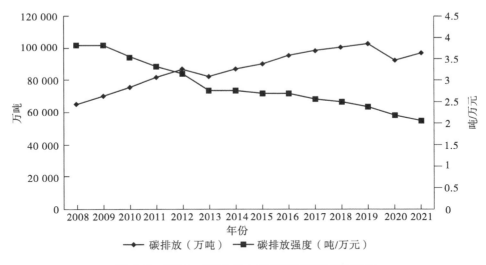

图 4-2　2008—2021 年中国交通运输碳排放强度

4.2.2 区域交通运输碳排放演变分析

进一步对区域交通运输碳排放演变规律进行分析，明晰各区域碳排放情况，进而针对性为区域交通运输低碳发展提出建议。图4-3和图4-4分别是2008—2021年中国三大区域交通运输碳排放量图和中国三大区域交通运输碳排放强度图。

从区域角度来看，2008—2021年三大区域交通运输碳排放量均快速增长，整体呈现由东部地区向中西部地区递减趋势。2021年，东部地区交通运输碳排放量占全国碳排放总量的50%左右，年增长率为1.91%，碳排放总量居于首位。东部地区碳排放量较大且经济较为发达，应该承担更多的减排任务。三大地区交通运输碳排放强度都有下降态势。其中，东中西部地区交通运输碳排放强度分别由2008年的3.76吨/万元、3.01吨/万元、5.10吨/万元下降至2021年的1.95吨/万元、2.06吨/万元、2.42吨/万元，年平均降幅分别为4.93%、2.87%、5.57%。三大地区间的交通运输碳排放强度表现出收敛特征，差异逐渐缩小。虽然研究期内西部地区碳排放强度下降幅度最大，但在2013年后西部地区碳排放强度降幅放缓，由2013年之前年平均降幅8.97%变为3.36%，追赶效应逐渐减缓。西部地区交通运输碳排放强度高于全国水平，拉低了全国交通运输碳减排效率，同时西部地区节能减排前景广阔，推动西部地区绿色转型将更大程度上助力实现"双碳"目标。相关部门应该充分考虑不同地区资源禀赋、能源结构、产业结构差异，制定适合地区现状的差异性碳排放强度降低目标，实现绿色低碳高质量发展。

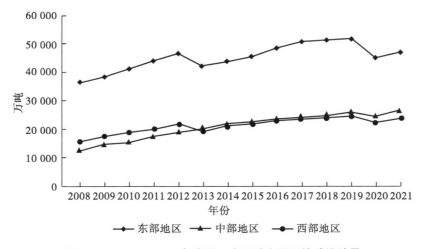

图4-3　2008—2021年中国三大区域交通运输碳排放量

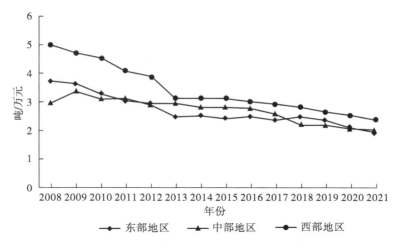

图 4-4　2008—2021 年中国三大区域交通运输碳排放强度

4.2.3　交通运输碳排放时间波动特征

交通运输业是国民经济的基础性产业，也是高排放、高能耗行业，2021年中国交通运输碳排放量约为9.7亿吨，占碳排放总量的10%左右，为了实现我国2030年二氧化碳的减排目标和经济可持续发展，交通运输业应承担起更多的节能减排责任，保证交通运输业发展的同时降低其碳排放量，实现行业发展对能源消耗和碳排放的依赖性逐步减弱。本节用Tapio弹性脱钩模型定量分析交通运输业增加值对于碳排放的依赖程度，分析交通运输发展能否实现对碳排放的依赖性逐步减弱。

4.2.3.1　脱钩弹性法

脱钩包括脱钩指数法和脱钩弹性法，其中脱钩指数法用以辨别是否脱钩，无法判定脱钩程度和类别，脱钩弹性法则是用某一时段的弹性反映变量间的脱钩关系，避免周期选择带来的不确定性，提高脱钩测算的准确性。脱钩模型一开始用于发达国家经济增长与物质消费之间高度依赖关系的研究，直到21世纪才被首次应用到环境中。Tapio根据不同脱钩弹性值，将脱钩状态分为强脱钩、弱脱钩、衰退脱钩、扩张连接、衰退连接、扩张负脱钩、弱负脱钩、强负脱钩八大类。

本书采用Tapio（2005）[66]中的模型研究交通运输碳排量与交通运输业增加值的脱钩状态，以此分析交通运输碳排放对交通行业发展的依赖程度以及变化情况。

$$D_t = \frac{\%\Delta C_t^{t-1}}{\%\Delta T_t^{t-1}} = \frac{(C^t - C^{t-1})\,T^{t-1}}{(T^t - T^{t-1})\,C^{t-1}} \qquad \text{式（4-4）}$$

其中，%ΔC_t^{t-1}、%ΔT_t^{t-1}分别为交通运输碳排放量和交通运输业增加值的变化百分比。D_t表示第t期的交通运输业增加值和交通运输碳排放量的脱钩弹性值，C^t、C^{t-1}为第t期和第$t-1$期的环境压力指标即交通运输碳排放量，T^t、T^{t-1}为第t期和第$t-1$期的经济发展指标即交通运输业增加值。

根据本书的研究目的，按照Tapio的脱钩类型划分标准，将交通运输碳排放量和交通运输业增加值的脱钩状态分为8种，如表4-3所示，其中强脱钩是实现低碳交通的最佳发展状态，相反，强负脱钩为最差状态。

表4-3　Tapio脱钩状态判断

脱钩状态		判断条件		
		D	$\triangle C$	$\triangle T$
脱钩	强脱钩	<0	<0	>0
	弱脱钩	0≤e<0.8	>0	>0
	衰退脱钩	e>1.2	<0	<0
连接	扩张连接	0.8≤e≤1.2	>0	>0
	衰退连接	0.8≤e≤1.2	<0	<0
负脱钩	扩张负脱钩	e>1.2	>0	>0
	弱负脱钩	0≤e<0.8	<0	<0
	强负脱钩	<0	>0	<0

4.2.3.2　时间脱钩状态演变

交通运输业增加值和交通碳排放脱钩计算结果和轨迹图见表4-4、图4-5，2008—2021年，交通运输碳排放与交通运输增长之间呈现弱脱钩、强脱钩、衰退脱钩、扩张连接四种脱钩状态。出现期数分别为8、1、3、1。由图4-5脱钩弹性图可以看出，2008—2021年交通运输碳排放量和交通运输业增加值呈现阶段性"M"型变化。样本期间我国交通碳排放脱钩状态较为理想，弱脱钩出现次数最多，持续周期变长。2013年，出现强脱钩，实现了交通运输业增长与交通运输碳排放的完全脱钩，可能的原因是，2012年，党的十八大把生态文明建设纳入中国特色社会主义事业"五位一体"总体布局中，强调要贯彻落实节约资源和保护环境的基本国策，推进绿色发展、循环发展、低碳发展。2020年，出现了衰退脱钩，表示交通运输碳排放、交通运输业增加值均下降且碳排放下降速度大于行业增加值下降速度，是由于2020年新冠疫情暴发，人们经济活动受到限制，经济活动放缓，对能源需求下降。这也说明疫情并不能从根本上减少碳排放，疫情过后碳排放很可能出现反弹，在经济复苏计划中优先考虑清洁能源、鼓励绿色低碳出行来避免碳排放的大幅反弹。

表4-4　交通运输业增加值和交通运输碳排放量脱钩计算结果

年份	%ΔC_t	%ΔT_t	D_t	脱钩状态
2009	0.077 0	0.072 4	1.063 6	扩张连接
2010	0.078 0	0.168 4	0.463 3	弱脱钩
2011	0.076 6	0.154 8	0.494 4	弱脱钩
2012	0.067 9	0.110 2	0.615 9	弱脱钩
2013	−0.056 9	0.083 8	−0.679 5	强脱钩
2014	0.054 4	0.057 5	0.945 8	扩张连接
2015	0.038 0	0.056 2	0.677 3	弱脱钩
2016	0.059 4	0.052 8	1.126 7	扩张连接
2017	0.033 8	0.097 9	0.344 8	弱脱钩
2018	0.019 8	0.045 2	0.436 9	弱脱钩
2019	0.021 7	0.060 8	0.356 4	弱脱钩
2020	−0.102 6	−0.027 2	3.773 7	衰退脱钩
2021	0.051 4	0.124 2	0.413 9	弱脱钩

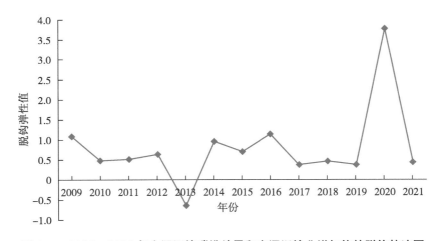

图4-5　2008—2021年交通运输碳排放量和交通运输业增加值的脱钩轨迹图

4.2.3.3　省域脱钩状态演变

从脱钩省域分布情况来看，2008—2021年我国交通运输业增加值和交通运输碳排放脱钩省域数量占比的趋势变化如图4-6所示。

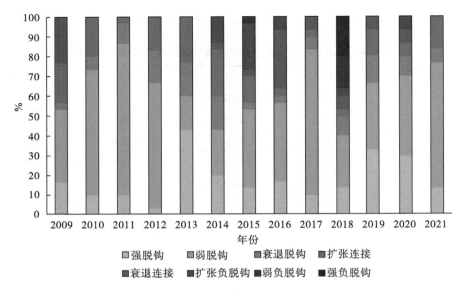

图 4-6　2009—2021 年交通运输业增加值和交通运输碳排放量脱钩状态占比图

2008—2021年我国 30 个省区市交通运输业增加值与碳排放脱钩省域的数量占比呈现"M"型变化趋势。其中，2011年实现脱钩的省域数量最多，有26个省域实现脱钩，占比为86.67%，其中弱脱钩省域占比达 76.67%；2011—2014年实现交通运输业增加值和交通碳排放脱钩的省域不断下降，2014年实现脱钩的省域数量最少，仅有13个省域实现脱钩，占比为43.33%。根据脱钩情况，本书将30个省域分为脱钩稳定省域、脱钩改善省域和脱钩较差省域。

第一类为脱钩稳定省域，其脱钩变化特征为：该期间内实现脱钩年份较多，在14年间，脱钩年份达10年以上，样本期间脱钩状态较为稳定，包括13个省域：浙江、广东、河北、山西、天津、湖北、辽宁、山东、陕西、海南、吉林、江苏、云南。该类省域大多位于东部地区和东北部地区。

第二类为脱钩改善省域，这些省域的脱钩状态前期出现强负脱钩、弱负脱钩或扩张负脱钩，但最终仍实现了强脱钩、弱脱钩或者衰退脱钩，表明该类省域在期间内脱钩改善程度较强，包括7个省域：上海、内蒙古、新疆、黑龙江、河南、安徽、广西。

第三类为脱钩较差省域，其脱钩变化特征为：该期间内的脱钩状态多为负脱钩，包括10个省域：青海、甘肃、北京、福建、湖南、宁夏、江西、贵州、重庆、四川。其中江西和湖南位于中部地区，北京和福建位于东部地区，剩余6个省域均属于西部区域。

4.3 交通运输碳排放的空间特征

4.3.1 交通运输碳排放量的空间特征

运用 ArcMap10.8 软件，研究省际交通运输碳排放的空间格局演变特征，直观反映我国交通运输碳排放的空间分布特征和变化趋势（图略）。2008—2021 年 14 年间全国 30 个省域的交通运输碳排放量呈逐年增长趋势，空间上整体呈现出东部高、西部低、南部高、北部低且较为稳定的特点。从区域来看，沿海省域的碳排放量比内陆省域高，我国交通运输碳排放量高的省域包括江苏、山东、广东、上海，其中广东在三年间碳排放一直处于较高量。我国交通运输碳排放量低的省域包括甘肃、青海、宁夏和新疆等地区。从增长速度来看，四川、河南、湖南的交通运输碳排放量增长较快。

4.3.2 交通运输碳排放量的基尼系数及其分解

4.3.2.1 交通运输碳排放量区域内基尼系数

交通运输碳排放量的基尼系数演变趋势如图 4-7 所示，从总体基尼系数来说，碳排放量总体基尼系数均值为 0.336 8，说明 2008—2021 年碳排放量的总体空间差异较大且呈现先下降后上升的"V"型变化。2008 年和 2020 年是"V"型的两端，但是 2020 年的总体基尼系数小于 2008 年的基尼系数，由 2008 年的 0.379 下降至 2020 年 0.341，降幅为 10.01%，这说明近年来我国交通运输碳排放量地区不均衡性有所缓解。

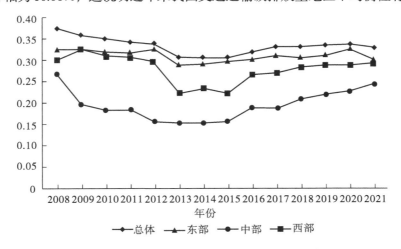

图 4-7 2008—2021 年交通运输碳排放量区域内基尼系数

分区域来看，2011—2020年，东部、中部、西部地区交通运输碳排放量基尼系数整体也呈现先下降后上升的"V"型变化。其中东部地区交通碳排放量的非均衡性最大，基尼系数均值为0.314 3，西部次之，均值为0.281 5，中部最小，均值为0.196 1。东部地区交通运输碳排放量差异明显，表明东部区域某些省域能建立综合运输体系、大力发展绿色运输方式、优化运输结构，降低交通碳排放量水平，而某些省域因地理位置和经济发展仍受制于历史发展模式，减碳进程缓慢。在三大区域中，中－西部地区基尼系数增长幅度较大，应该注意不均衡性扩大的趋势，高碳区域应该学习低碳地区宝贵经验，推动交通绿色可持续发展。

4.3.2.2 交通运输碳排放量区域间基尼系数

使用StataMP 18分别测算2008—2021年我国东－中部、东－西部以及中－西部交通运输碳排放量的基尼系数，分析区域间差异。从表4-5中可以看出，东－西部区域差异最大，均值为0.368 5，东－中部区域差异次之，均值为0.311 2，中－西部区域差异最小，均值为0.258。这一结果与东部地区交通运输碳排放量高于西部地区相符，因此为了缩小区域间碳排放量差异程度，东部地区应加快减碳降碳的进程。

表4-5　2008—2021年交通运输碳排放量区域内和区域间基尼系数

年份	总体基尼系数	区域内基尼系数			区域间基尼系数		
		东部	中部	西部	东－中	东－西	中－西
2008	0.379	0.328	0.274	0.304	0.368 4	0.388 2	0.297 5
2009	0.363	0.328	0.201	0.329	0.341 3	0.389 3	0.279 4
2010	0.354	0.323	0.183	0.312	0.337 5	0.379 5	0.261 2
2011	0.347	0.319	0.183	0.309	0.325 0	0.378 2	0.259 6
2012	0.343	0.329	0.158	0.300	0.324 6	0.377 1	0.246 0
2013	0.311	0.291	0.153	0.225	0.279 5	0.351 4	0.218 7
2014	0.307	0.294	0.155	0.237	0.281 2	0.346 3	0.218 2
2015	0.308	0.301	0.157	0.222	0.285 0	0.347 4	0.214 9
2016	0.324	0.304	0.189	0.267	0.294 7	0.360 4	0.247 8
2017	0.332	0.313	0.189	0.273	0.304 1	0.368 9	0.250 7
2018	0.335	0.309	0.208	0.285	0.302 1	0.369 5	0.268 0
2019	0.338	0.312	0.221	0.290	0.306 5	0.370 5	0.275 8

年份	总体基尼系数	区域内基尼系数			区域间基尼系数		
		东部	中部	西部	东－中	东－西	中－西
2020	0.341	0.328	0.228	0.293	0.310 3	0.373 7	0.285 2
2021	0.333	0.305	0.247	0.295	0.297 1	0.359 3	0.297 0

4.3.2.3　交通运输碳排放量区域差异来源及贡献率

为了更好地解释我国交通运输碳排放量差异来源，将基尼系数分解成区域间、区域内和超变密度三类，并测算其贡献率。

从表4-6贡献率具体值来看，2008—2021年区域间差异对交通运输碳排放量总体差异的平均贡献率高达51.69%，区域内差异平均贡献率为28.82%，超变密度平均贡献率最小为19.5%。说明东部、中部、西部的区域间差异长时间主导着我国交通运输碳排放量的整体不均衡。从差异贡献率的变动幅度来看，超变密度贡献率逐年上升，由2008年的18.87%上升至2021年的25.21%，增幅为33.60%，年均增长2.25%，而区域间贡献率由2008年的52.49%下降至2021年的45.26%，降幅为13.77%，虽然我国交通运输碳排放量总体不均衡主要是由区域间差异导致的，但是同样地区交叉重叠现象的影响也是不容忽视的。

表4-6　2008—2021年交通运输碳排放量地区差异来源及贡献率

年份	区域间基尼系数	区域内基尼系数	超变密度	区域间基尼系数贡献率/%	区域内基尼系数贡献率/%	超变密度贡献率/%
2008	0.199	0.109	0.072	52.49	28.65	18.87
2009	0.189	0.107	0.067	52.22	29.37	18.42
2010	0.187	0.103	0.064	52.87	29.16	17.98
2011	0.186	0.101	0.060	53.68	29.14	17.18
2012	0.179	0.101	0.063	52.26	29.47	18.28
2013	0.177	0.084	0.050	56.89	27.12	15.98
2014	0.165	0.086	0.056	53.84	28.00	18.16
2015	0.164	0.086	0.059	53.16	27.83	19.01
2016	0.169	0.093	0.062	52.07	28.72	19.22
2017	0.173	0.095	0.064	52.06	28.74	19.20
2018	0.171	0.097	0.067	51.05	28.82	20.13

年份	区域间基尼系数	区域内基尼系数	超变密度	区域间基尼系数贡献率/%	区域内基尼系数贡献率/%	超变密度贡献率/%
2019	0.168	0.098	0.071	49.77	29.12	21.12
2020	0.157	0.101	0.083	45.97	29.76	24.27
2021	0.151	0.098	0.084	45.26	29.53	25.21

4.3.3　交通运输碳排放强度的基尼系数及其分解

4.3.3.1　交通运输碳排放强度区域内基尼系数

交通运输碳排放强度的基尼系数演变趋势如图4-8所示，从总体基尼系数来看，碳排放强度总体基尼系数均值为0.197，说明2008—2021年碳排放强度的总体地区差异较大且呈现先上升后下降的变化趋势。从表4-7基尼系数具体数值可以看出，总体基尼系数由2008年的0.202下降至2021年的0.18，降幅为10.89%，近年来我国交通运输碳排放强度的地区不均衡性有所缓解。分区域来看，东部地区交通运输碳排放强度的非均衡性最大，基尼系数均值为0.213 3；中部次之，均值为0.179 6；西部最小，均值为0.147 7。东部地区交通运输碳排放强度基尼系数由2008年的0.231下降至2021年的0.207，降幅为10.39%。中部地区交通运输碳排放强度基尼系数由2008年的0.207下降至2021年的0.135，降幅为34.78%。西部地区交通运输碳排放强度基尼系数由2008年的0.118上升至2021年的0.154，增幅为30.51%。西部地区应注意区域内交通运输碳排放强度不均衡性扩大的趋势，高碳区域应该学习低碳地区的宝贵经验，推动交通绿色可持续发展。

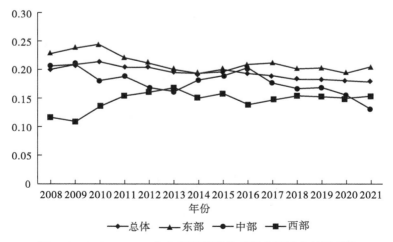

图4-8　2008—2021年交通运输碳排放强度区域内基尼系数

4.3.3.2 交通运输碳排放强度区域间基尼系数

使用StataMP 18分别测算2008—2021年我国东–中部、东–西部以及中–西部交通运输碳排放强度的基尼系数，分析区域间差异。从表4-7中可以看出，东–中部区域差异最大，均值为0.204；东–西部区域差异次之，均值为0.195；中–西部区域差异最小，均值为0.176。东部地区与中部地区交通运输碳排放强度差异较大，东部地区应加快减碳降碳的进程。

表4-7　2008—2021年交通运输碳排放强度区域内和区域间基尼系数

年份	总体基尼系数	区域内基尼系数			区域间基尼系数		
		东部	中部	西部	东－中	东－西	中－西
2008	0.202	0.231	0.207	0.118	0.224 9	0.191 6	0.174 0
2009	0.210	0.240	0.213	0.110	0.234 0	0.193 5	0.183 3
2010	0.217	0.246	0.182	0.135	0.227 3	0.208 2	0.191 2
2011	0.206	0.223	0.189	0.155	0.213 5	0.201 4	0.189 0
2012	0.206	0.216	0.172	0.162	0.205 3	0.202 1	0.193 7
2013	0.198	0.202	0.163	0.169	0.187 5	0.204 7	0.183 7
2014	0.194	0.196	0.182	0.153	0.193 0	0.194 3	0.178 9
2015	0.201	0.197	0.192	0.159	0.201 6	0.200 1	0.183 3
2016	0.195	0.210	0.205	0.140	0.212 6	0.188 6	0.174 8
2017	0.191	0.213	0.179	0.150	0.202 2	0.192 8	0.168 1
2018	0.185	0.204	0.168	0.157	0.191 3	0.189 1	0.166 6
2019	0.184	0.204	0.170	0.154	0.192 3	0.187 3	0.165 4
2020	0.182	0.197	0.157	0.152	0.186 8	0.187 9	0.159 3
2021	0.180	0.207	0.135	0.154	0.184 2	0.193 3	0.151 5

4.3.3.3 交通运输碳排放强度区域差异来源及贡献率

为了更好地解释我国交通运输碳排放强度差异来源，将基尼系数分解成区域间、区域内和超变密度三类，并测算其贡献率。

如表4-8所示，从贡献率具体值来看，2008—2021年区域间差异对交通运输碳排放强度总体差异的平均贡献率为31.68%，区域内差异平均贡献率为30.82%，超变密度平均贡献率为37.50%。说明地区交叉重叠主导我国交通运输碳排放强度的整体不均衡。从差异贡献率的变动幅度来看，超变密度贡献率逐年上升，由2008年的34.34%上升至2021年的39.87%，增幅为16.11%。区域内贡献率由2008年的29.60%上升至2021年的31.77%，增幅为7.32%。区域间贡献率由2008年的36.06%下降至2021年的28.36%，降幅为21.35%。

表4-8　2008—2021年交通运输碳排放强度地区差异来源及贡献率

年份	区域间基尼系数	区域内基尼系数	超变密度	区域间基尼系数贡献率/%	区域内基尼系数贡献率/%	超变密度贡献率/%
2008	0.073	0.060	0.069	36.061	29.604	34.335
2009	0.082	0.060	0.068	39.070	28.584	32.346
2010	0.093	0.063	0.060	43.120	29.186	27.694
2011	0.071	0.064	0.071	34.591	31.016	34.394
2012	0.078	0.063	0.065	37.942	30.672	31.385
2013	0.059	0.061	0.078	29.907	30.894	39.199
2014	0.065	0.059	0.070	33.318	30.460	36.222
2015	0.069	0.061	0.071	34.199	30.267	35.534
2016	0.052	0.060	0.082	26.771	30.985	42.244
2017	0.046	0.061	0.084	24.349	31.785	43.866
2018	0.045	0.060	0.080	24.153	32.373	43.473
2019	0.043	0.060	0.081	23.523	32.397	44.080
2020	0.051	0.057	0.073	28.098	31.540	40.361
2021	0.051	0.057	0.072	28.363	31.772	39.865

4.4　本章小结

　　本章基于交通运输能源消耗数据，用"自上而下"法测算我国30个省区市的交通运输碳排放量和交通运输碳排放强度，然后分析交通碳排放的时空特征和区域差异。结果显示：（1）我国交通运输碳排放量呈现波动上升趋势，并且未来继续增加的可能性较高。交通运输碳排放强度呈现下降趋势，超过了向国际社会承诺的40%～45%的目标，基本扭转了二氧化碳排放快速增长的局面，有较大的减排潜力。

（2）从区域来看，东部地区交通运输碳排放量最大，东中西三大地区间的交通运输碳排放强度表现出收敛特征，差异逐渐缩小。（3）交通运输碳排放表现出明显的区域差异性，东西部地区碳排放差距最大。从区域内来看，东部地区内各省域碳排放差异最为明显。我国交通运输碳排放总体差异主要是由区域间差异导致的，但是同样地区交叉重叠现象也是不容忽视的。

5   基于STIRPAT模型的数字经济对交通运输碳排放强度的影响效应

本章研究数字经济对交通运输碳排放强度的影响，首先根据前文的理论基础，提出数字经济发展可以抑制交通运输碳排放强度的假设。然后基于STIRPAT模型构建交通运输碳排放强度为被解释变量，数字经济发展水平为核心解释变量，城镇化率、交通能源结构、政府支持力度等为控制变量的面板回归模型，探究数字经济及其他因素对交通运输碳排放强度的影响效应。

5.1　模型设定与数据说明

5.1.1　影响分析

数字经济是当今社会高形态的新型经济，成为各国推动经济结构转型和塑造新动能的主流模式。数字经济的蓬勃发展不仅为经济注入新的活力，也为交通运输业绿色转型升级提供有利契机，助力交通运输业碳达峰、碳中和目标的实现。一方面，数字经济可以提升交通基础设施和交通工具的利用效率，降低交通工具行驶和拥挤过程中温室气体的排放；另一方面，平台以数字化手段为依托，为用户提供减排荣誉和奖励，引导用户更多地参与低碳出行，构建低碳出行共同体，带动公众绿色出行方式的形成。平台通过提高城市交通运营效率和数字化服务能力，助力交通运输业向共享化和集约化方向发展。

因此本书提出以下假设：

H1：数字经济发展可以抑制交通运输碳排放强度。

5.1.2　计量模型设定

基于STIRPAT模型，为了研究数字经济对交通运输碳排放强度的影响，本书构建了如下模型：

$$\ln cei_{it} = \beta_0 + \beta_1 \ln dig_{it} + \beta \ln X_{it} + \mu_i + \delta_i + \varepsilon_{it} \qquad \text{式（5-1）}$$

其中，$i = 1, 2, \cdots, 30$，表示省域；$t = 2008, 2009, \cdots, 2021$，表示年份；$cei_{it}$

表示交通运输碳排放强度；dig_{it} 数字经济发展水平；X_{it} 为一组控制变量，即影响交通运输碳排放强度的其他因素。

（1）被解释变量：交通运输碳排放强度（cei），用交通碳排放量与GDP的比值衡量。

（2）核心解释变量：数字经济发展水平（dig），用熵权法测算。

（3）控制变量：除核心解释变量外，选取影响交通运输碳排放强度的主要因素包括以下几个方面：①城镇化率（urban），用城镇人口与地区常住人口比值衡量；②交通能源结构（estr），用交通运输业电力和天然气能源消耗量的标准值与能耗总量标准值的比重来反映；③政府支持力度（gov），用地方交通财政支出占地方一般预算财政支出的比重来衡量；④贸易开放度（open），用地区的人均进出口额来表征；⑤交通行业结构（tstr），用铁路周转量与总周转量之比来表示，采用换算周转量，将客运周转量和货运周转量统一为客运周转量，因部分省份航空运输数据缺失，只计算铁路、公路、水路三种交通运输方式的换算周转量；⑥交通能源技术（tet），用总周转量与交通运输总能源消耗量的比重来反映。

表5-1　变量说明

变量	符号	变量说明	单位	参考文献
交通运输碳排放强度	cei	交通碳排放/gdp	吨/元	
数字经济发展水平	dig	熵权法测算		
城镇化率	urban	城镇人口数量/年末常住人口	%	高标等（2013）[25] 江元等（2023）[67]
交通能源结构	estr	电力和天然气消耗量/能源消耗量	%	谢文倩等（2022）[68] 焦萍等（2023）[69]
政府支持力度	gov	交通财政支出/地方财政支出	%	杜欣（2023）[70] 张传兵（2023）[71]
贸易开放度	open	进出口总额/常住人口		焦萍等（2023）[69]
交通行业结构	tstr	铁路周转量/总周转量	%	焦萍等（2023）[69]
交通能源技术	tet	总周转量/总能源消耗量	人公里/吨标准煤	柴建等（2018）[72]

5.1.3　数据来源

本书选取了2008—2021年中国30个省区市的面板数据。所涉及的数据来源于国家发展和改革委员会、国家统计局、《中国能源统计年鉴》、《中国区域经济统计年鉴》、中国知网统计数据库、《中国科技统计年鉴》、中国信息通信研究院等。缺失数据用线性插值法计算。

5.2 数字经济与交通运输碳排放强度的耦合协调分析

5.2.1 耦合协调模型

耦合最早源于物理学，常用来度量系统间的关联程度，是定量测度两个或两个以上系统相互作用程度的重要指标。现在广泛应用于各经济领域。薛洁等（2010）[73]测算了2007—2017年数字经济发展水平，运用耦合协调分析了数字产业化和产业数字化的耦合协调机制，研究结果表明中国数字经济主导地位由数字产业化逐步转型为产业数字化。周子怡（2023）[74]探究数字经济与制造业高质量发展之间的耦合协调水平，研究结果显示数字经济对制造业高质量发展存在显著的直接赋能效应。徐辉等（2023）[75]探究数字经济与农业现代化耦合协调水平并分析其时空演化特征，研究结果表明我国数字经济与农业耦合协调度逐年上升且存在明显区域异质性。本书用耦合协调模型测度数字经济与交通运输碳排放强度的耦合协调关系，计算公式如下：

$$C = 2 \times \left[\frac{A \times B}{(A+B)^2} \right] \qquad 式（5-2）$$

$$T = \alpha A + \beta B \qquad 式（5-3）$$

$$D = (C \times T)^{\frac{1}{2}} \qquad 式（5-4）$$

式中，C表示数字经济与碳排放强度的耦合度，取值为0~1，C值越接近于0，表示两系统的耦合关联度越低，反之，越接近于1表示两系统的耦合关联度越高。耦合关联度可以体现两系统整体关联程度，但是不能体现各个指标间相互作用，因此用耦合协调度（D）来体现数字经济发展与交通运输碳排放强度在相互发展和相互作用过程中的协调状态。本书将耦合协调度分为极度失调、严重失调、中度失调、轻度失调、濒临失调、勉强协调、初级协调、中级协调、良好协调、优质协调十类[76]。具体划分标准见表5-2。

表5-2 耦合协调度分类

区间	(0, 0.1]	(0.1, 0.2]	(0.2, 0.3]	(0.3, 0.4]	(0.4, 0.5]
基本类型	极度失调	严重失调	中度失调	轻度失调	濒临失调
协调等级	1	2	3	4	5
区间	(0.5, 0.6]	(0.6, 0.7]	(0.7, 0.8]	(0.8, 0.9]	(0.9, 1]
基本类型	勉强协调	初级协调	中级协调	良好协调	优质协调
协调等级	6	7	8	9	10

5.2.2　耦合协调度测算结果及分析

按照式（5-3）计算2008—2021年我国总体以及30个省区市数字经济与交通运输碳排放强度的耦合协调度，结果见表5-3和附录3。

由耦合协调度计算结果可以看出，中国数字经济发展与交通运输碳排放强度的耦合协调度呈增长趋势，从 2008 年的 0.249 8 上升到 2021 年的 0.911 2，年均增长10.47%，由中度失调变为优质协调，说明中国数字经济发展体系与交通碳减排体系相互促进，数字经济与交通碳减排的互动效果逐渐向好。从地区来看，2008—2021年我国大部分地区数字经济发展水平和交通运输碳排放强度的耦合协调水平逐年提高，耦合协调度均值由2008年的0.548 5上升至2021年的0.754 5。2008年有7个省域是中度失调和轻度失调，占比为23.33%，而到2021年，只有云南省处于数字经济与交通运输碳排放强度失调状态，说明我国数字经济发展战略和交通节能减排政策正在对数字经济和交通碳排放强度协调发展起到促进作用。虽然我国数字经济与交通碳排放强度整体协调度态势良好，但是仍要注意广西、河南、云南、新疆、河北等省域协调度仍处于较低水平，拉低了平均值，在发展数字经济的同时要注意与低碳交通的同步性和协调性。

表5-3　耦合协调度计算结果

年份	D值	协调等级	耦合协调程度
2008	0.249 8	3	中度失调
2009	0.168 1	2	严重失调
2010	0.328 9	4	轻度失调
2011	0.547 4	6	勉强协调
2012	0.569 2	6	勉强协调
2013	0.558 3	6	勉强协调
2014	0.596 4	6	勉强协调
2015	0.665 8	7	初级协调
2016	0.681 9	7	初级协调
2017	0.785 8	8	中级协调
2018	0.846 2	9	良好协调
2019	0.903 9	10	优质协调
2020	0.983 0	10	优质协调
2021	0.911 2	10	优质协调

因此，从可持续发展的角度来看，中央和地方政府应继续关注数字经济发展对交通运输碳减排的带动效果，发挥示范效应和学习效应。在其他地区，特别是西北地区，数字经济发展体系与交通碳减排体系的良好互动，仍有很大的提升空间。所以中央对数字经济发展的部署，应该平衡区域发展的需要，而地方政府则应深度挖掘区域数字经济发展潜力，提高区域内数字经济体系与交通碳减排体系的耦合协调水平，同时缩小区域间数字经济发展体系与交通碳减排体系的耦合协调水平，从而在数字经济发展与交通碳减排之间形成良好的整体互动效应。

5.3　数字经济对交通运输碳排放强度的影响效应

5.3.1　相关检验和模型选择

本节构建面板回归模型以探究数字经济对交通运输碳排放强度的影响，通过多重共线性检验、单位根检验以及豪斯曼检验，选择合适的回归模型。

5.3.1.1　多重共线性检验

根据扩展的STIRPAT模型，运用面板回归模型进行实证分析，为了防止模型参数估计误差，需要进行核心解释变量与其他控制变量间的多重共线性检验，通过VIF值（方差扩大因子）进行多重共线性判断（结果见表5–4），结果显示各变量的VIF值均小于10，因此认为本书所选变量不具有多重共线性。

表5–4　多重共线性检验结果

	变量						
	dig	urban	estr	gov	open	tstr	tet
VIF	2.74	3.89	2.13	1.19	4.44	2.59	2.11
1/VIF	0.365	0.257	0.471	0.839	0.225	0.385	0.474

5.3.1.2　单位根检验

单位根检验的目的是判断数据平稳性，若序列中存在单位根会导致交通运输碳排放强度与其他解释变量在面板回归模型中存在伪回归，常用的单位根检验有：ADF检验、LLC检验和IPS检验。本书用LLC检验对数据进行平稳性检验，如果变量不是平稳的，则要进行一阶差分直至变量平稳才能进行面板回归。LLC 检验结果如表 5-5 所示。

表 5-5 单位根检验结果

	变量							
	cei	dig	urban	estr	gov	open	tstr	tet
统计量	−5.88***	−13.22***	−29.72***	−23.20***	−11.72***	−8.20***	−2.03**	−4.10***

注：***、**、* 分别表示 1%、5% 和 10% 的显著性水平。

LLC 检验的原假设是时间序列数据含有单位根，即数据非平稳。从表中数据可以看出，8 个变量在 5% 的显著性水平下明显显著，拒绝原假设，表明数据是平稳的。

5.3.1.3 豪斯曼检验

豪斯曼检验主要是判断面板回归模型是选用随机效应模型还是固定效应模型，检验结果如表 5-6 所示，其中 P 值小于 0.01，在 1% 水平上显著，拒绝原假设，所以本书选择固定效应模型进行回归分析。

表 5-6 Hausman 检验

chi2 统计量	P 值
484.47	0.000 0

5.3.2 基准回归

采用面板固定效应模型对式（5-1）进行回归估计，回归结果见表 5-7，其中第一列和第三列分别表示未加入控制变量和加入控制变量的回归结果。

仅分析数字经济对交通运输碳排放强度的影响而不加入其他控制变量，此时，数字经济发展水平在 1% 显著性水平上强烈拒绝原假设，数字经济发展可以较强抑制该区域的交通运输碳排放强度。虽然加入其他控制变量后，数字经济抑制交通碳排放强度能力降低，回归系数绝对值由 3.076 减少至 1.098，但是影响仍相对较大，并在 1% 的显著性水平上通过检验。说明提高数字经济发展水平能够显著降低交通运输碳排放强度。

城镇化率的系数为 −1.299，并在 1% 的显著性水平上通过检验，说明城镇化水平的提高可以降低交通运输碳排放强度，城镇化使人口较为聚集，此时公共交通成为较好的出行方式，通过政策引导和技术创新，提高交通运输效率，减少交通拥挤，进而降低交通运输碳排放。

表5-7　固定效应模型回归结果

变量	未加入控制变量		加入控制变量	
	系数	t统计量	系数	t统计量
dig	−3.076***	−12.11	−1.098***	−7.11
urban			−1.299***	−14.71
estr			−0.139***	−6.72
gov			−0.067***	−3.57
open			−0.094***	−5.04
tstr			−0.275***	−9.55
tet			−0.401***	−13.87
cons	−1.641***	−22.84	−2.910***	−27.08
R-squared	0.28		0.830	

注：***、**、*分别表示1%、5%和10%的显著性水平。

交通能源结构的系数为−0.139，并在1%的显著性水平上通过检验，说明调整交通能源结构有助于降低交通运输碳排放强度，即电力和天然气等清洁能源的广泛使用能够有效降低交通运输行业的碳排放强度，达到节能减排的效果。石油和煤炭作为传统能源，其使用会产生大量的二氧化碳，对环境造成影响，虽然天然气作为清洁能源，其碳排放相对较低，但全球储量有限，不能满足日益增长的能源需要，发展可再生能源是优化交通能源结构的必要手段。推广电动公交、氢能源等低碳能源车辆，加大对新能源基础设施的投入，如充电桩、加氢站等，以支持新能源车辆的普及和应用。地区要提高能源利用率和研发资金投入力度，注重产业结构的合理性发展，淘汰落后产能，学习先进地区的技术和管理模型，加快碳达峰和碳中和的进程。

政府支持力度的系数为−0.067，并在1%的显著性水平上通过检验，说明政府支持力度也是抑制交通运输碳排放强度持续恶化的重要途径，近年来，中国政府加大交通财政支出，鼓励企业对技术进行创新与研发，对研发新能源技术给予资金上的支持，对新能源汽车给予税收优惠和财政补贴等一系列优惠政策。政府高度重视绿色交通基础设施建设以及交通运输行业节能减排的治理，有助于降低交通运输碳排放强度。

贸易开放度的系数为−0.094，并在1%的显著性水平上通过检验，贸易有利于促进环境友好型技术的交流与发展，贸易开放度越高，技术溢出效应越明显，国家和地区可以吸收先进的清洁能源生产技术和节能减排技术，从而有利于改善交通行业能源利用效率，降低交通运输业碳排放强度。

交通行业结构的系数为 –0.275，并在 1% 的显著性水平上通过检验，说明铁路运输比重的提高能够显著降低交通行业碳排放量。在交通运输业，公路运输能源消耗是铁路运输能源消耗的十倍左右，能源消耗越多其产生的碳排放也就越多。与公路运输相比，铁路运输能够在相同距离使用更少的能源，并且减少了交通拥挤和道路维护的成本。发展生态经济，要推动公路运输向铁路运输转变，提升行业能源利用效率，从而对交通运输业碳排放减少产生有益作用。

5.3.3　区域异质性分析

不同地区在数字经济发展水平、数字技术应用程度和政策环境等方面存在差距，可能会使数字经济对交通运输碳排放强度的影响呈现区域异质性，对此本书进一步将中国划分为东中部区域和西部区域，对两个区域分别进行固定效应回归。结果见表 5–8。

数字经济对东中部和西部地区交通运输碳排放强度影响均为负值，且加入控制变量后，数字经济依然能对降低碳排放强度发挥较大作用，无论是东中部地区还是西部地区，发展数字经济都能产生一定的碳减排效应，但是存在明显的区域异质性。从影响程度来说，东中部地区回归系数是 –3.675，而西部地区回归系数 –2.235，可能是因为西部地区数字经济发展缓慢，仍处于起步阶段，相较于东部发达地区，西部地区仍处于数字经济基础建设时期，发展数字经济较为困难，一是西部城市本地电子信息企业因资本、市场等因素的限制，升级较为困难，缺乏关键核心技术。二是缺乏创新性、复合型人才。目前全国一、二线城市上演数字人才争夺战，而西部地区因为自身环境、政策等因素，人才引进较为困难。可以看出，西部地区数字经济与交通碳减排融合较差，缺乏良性互动。数字经济不能脱离产业独立存在，数字经济的发展依赖产业提供市场、资金等支持，同时数字经济也为产业提供了新的发展机遇与动力。要推动产业数字化，实现产业的互联互通和协同发展，提高经济效率和效益，推动环境可持续发展，避免"数据孤岛"出现。西部地区地域广阔、风能、太阳能等可再生能源资源丰富，具备发展清洁能源的良好条件。应该利用自身优势，抓住数字经济发展机遇，加快数字经济发展与交通碳减排进程，形成数字经济与碳减排在高水平上相互促进的可持续发展局面。

表5-8　区域异质性分析

变量	东中部		西部	
	未加入控制变量	加入控制变量	未加入控制变量	加入控制变量
dig	−3.675***	−2.148***	−2.235***	−0.339***
urban		−0.656***		−1.481***
estr		−0.126***		−0.142***
gov		−0.122***		0.005
open		−0.112***		−0.109***
tstr		−0.199***		−0.274***
tet		−0.321***		−0.405***
cons	−1.600***	−2.582***	−1.653***	−3.000***

注：***、**、*分别表示1%、5%和10%的显著性水平。

5.3.4　稳健性检验

为保证回归结果的可靠性，本书从两个方面进行稳健性检验。一是更换数字经济发展水平测算方法，使用主成分分析法重新对数字经济二级指标测算；二是为了剔除异常值的影响，首先针对交通运输碳排放强度和数字经济发展水平进行1%和99%的断尾处理，其次进行固定效应回归估计。检验结果见表5-9。

从结果可以看出，两个模型中数字经济对交通运输碳排放强度的影响程度和显著性水平均未发生实质性变化，可以证明数字经济发展水平对交通运输碳排放强度影响的固定效应模型具有稳健性。

表5-9　稳健性检验

变量	主成分分析法		断尾回归	
	系数	t统计量	系数	t统计量
dig	−0.354***	−17.86	−3.067***	−11.57
cons	−2.079***	−41.60	−1.644***	−22.77
R-squared	0.438		0.529	

注：***、**、*分别表示1%、5%和10%的显著性水平。

5.4 本章小结

本章构建面板回归模型，实证分析数字经济对交通运输碳排放强度的影响效应。结果显示：数字经济能显著降低我国交通运输碳排放强度，数字经济存在明显的区域异质性，其中数字经济对东中部地区交通运输碳排放强度的影响程度要大于西部地区，西部地区数字经济与交通碳减排缺乏良性互动，融合较差。

6 数字经济对交通运输碳排放强度影响的作用机制

本章研究数字经济对交通运输碳排放强度影响的作用机制，首先，提出三大假设：产业结构高级化对数字经济作用交通运输碳排放强度的过程具有调节作用；数字经济对绿色技术创新有正向显著促进作用；绿色技术创新对交通运输碳排放强度呈现显著负向影响。其次，构建关于产业结构高级化的调节效应模型和绿色技术创新的中介效应模型，探究产业结构高级化在数字经济影响交通运输碳排放强度的过程中是否起到调节作用以及数字经济是否可以通过影响绿色技术创新来降低交通运输碳排放强度。

6.1 数字经济对交通运输碳排放强度影响的调节效应

6.1.1 调节效应模型设定

产业结构高级化是指通过调节产业结构、提高能源利用效率、提高产业技术水平等手段，实现资源优化配置，推进产业结构的合理化和高级化发展。产业结构高级化使整个经济体系向更高层次不断演化，不仅有利于经济增长，还能实现碳减排和可持续发展。产业结构高级化使得劳动、资本、技术等生产要素在产业内和产业间流转，从资源密集型和劳动集中型行业转向资本集中型和技术密集型行业。资源的高效分配利用有利于推动企业绿色转型，促进高新技术产业和产业的低碳化发展，不仅优化了要素组合方式，更能提高碳排放效率、减少能源消耗和碳排放量。再者，产业结构演化可以决定能源消费的变化趋势，是影响碳排放增量的关键因素。产业结构升级可以缓解能源消费总量增长，改善能源供应结构，控制碳排放增长[77]。

因此，本书提出假设H2：产业结构高级化对数字经济作用交通运输碳排放强度的过程具有调节作用。

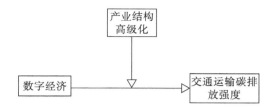

图 6-1 产业结构高级化的调节作用

本书借鉴干春晖等（2011）[78]的研究，用第三产业产值和第二产业产值的比值来度量产业结构高级化（isu），产业结构高级化是产业结构变迁的一种衡量。若isu数值上升，表示为第二产业产值下降以及第三产业产值上升，意味着经济向服务业方向发展，产业结构升级。

基于上述理论分析，探究产业结构高级化在数字经济作用于交通运输碳排放强度的过程中是否起到调节作用，本书参考温忠麟等（2005）[79]研究，构建如下调节效应模型：

$$\ln cei_{it} = \beta_0 + \beta_1 \ln dig_{it} + \beta \ln X_{it} + \mu_i + \gamma_t + \varepsilon_{it} \qquad \text{式（6-1）}$$

$$\ln cei_{it} = \lambda_0 + \lambda_1 \ln dig_{it} + \lambda_2 \ln isu_{it} + \lambda_3 \ln dig_{it} * \ln isu_{it} + \lambda \ln X_{it} + \mu_i + \gamma_t + \varepsilon_{it} \qquad \text{式（6-2）}$$

式（6-1）为基准回归模型，式（6-2）为调节效应模型。其中cei_{it}为交通运输碳排放强度；dig_{it}为数字经济发展水平；X_{it}为一系列控制变量，包括城镇化率、交通能源结构、政府支持力度、贸易开放度、交通行业结构、交通能源技术；isu_{it}为调节变量，即产业结构高级化；μ_i表示个体固定效应；γ_t表示时间固定效应；ε_{it}表示随机误差项；$\ln dig_{it} * \ln isu_{it}$为数字经济与产业结构高级化的交互项。调节效应模型是在基准回归模型的基础上纳入调节变量以及解释变量与调节变量的交互项，为了避免交互项与解释变量、调节变量间产生高度共线性，分别对解释变量和调节变量做中心化处理[80]。

调节效应判断机制：首先通过系数λ_1判断主效应是否显著，其次纳入调节变量、自变量与调节变量的交互项，观察交互项系数即λ_3是否显著，若λ_3显著则代表产业结构高级化在数字经济影响交通运输碳排放强度的过程中起到调节作用。在λ_1和λ_3都显著的前提下，若符号同号，说明产业结构高级化起到的调节作用能强化数字经济对交通运输碳排放强度的影响；若符号相反，则说明产业结构高级化起到的调节作用会弱化数字经济对交通运输碳排放强度的影响。

6.1.2 调节效应模型实证结果

为验证产业结构高级化在数字经济影响交通运输碳排放强度的过程中是否起到调节作用，在基准回归模型的基础上纳入产业结构高级化以及数字经济与产业结构高级化的交互项，对模型（6-2）进行回归，回归结果如表6-1所示。

从表6-1中可以看出，数字经济对交通运输碳排放强度的作用显著为负，产业结构高级化与数字经济的交互项对交通运输碳排放强度在5%的水平上有显著负向影响。可以认为，产业结构高级化在数字经济影响交通运输碳排放强度的过程中具有调节作用，数字经济与产业结构高级化对交通运输碳排放强度的抑制存在正向协同效应。产业结构高级化能加强数字经济对交通运输碳排放强度的抑制效果，即产业结构升级，数字经济对交通运输碳排放强度的抑制作用加强。假设H2得到证实。

表6-1 调节效应模型估计结果

变量	模型1	模型2
dig	−1.098*** （−7.11）	−1.685*** （−4.25）
isu		0.143*** （2.82）
isu*dig		−0.290** （−2.47）
urban	−1.299*** （−14.71）	0.455*** （3.14）
estr	−0.139*** （−6.72）	−0.161*** （−5.28）
gov	−0.067*** （−3.57）	−0.191*** （−4.22）
open	−0.094*** （−5.04）	−0.199*** （−7.20）
tstr	−0.275*** （−9.55）	−0.0004 （−0.01）
tet	−0.401*** （−13.87）	−0.209*** （−5.82）
cons	−2.910*** （−27.08）	−2.495*** （−11.20）
控制变量	是	是
观测值	420	420

注：***、**、*分别表示1%、5%和10%的显著性水平，括号里为系数对应的z统计量。

6.2 数字经济对交通运输碳排放强度影响的中介效应

6.2.1 中介效应模型设定

数字经济通过绿色技术创新手段和模式，可以在降低交通碳排放方面发挥重要作用。例如，智能交通系统可以实现交通信号的智能调度，提高道路通行效率，减少交通拥堵和尾气排放。此外，共享出行模式也可以提高车辆利用率，减少不必要的车辆使用和尾气排放。数字物流平台可以通过优化运输线路和方式，实现物流运输的低碳化。除此之外，数字经济还可以打破信息在传递中的时空限制，消除信息壁垒，促进政府、交通运输部门、企业等机构间交流沟通，推动交通绿色技术发展。绿色技术是指那些具有环境友好型特征的技术，能够在满足人类需求的同时，降低对环境的影响。例如，电动汽车作为一种零排放车辆，是绿色技术在交通领域的重要应用。通过将传统的燃油发动机替换为电池动力系统，电动汽车能够有效减少碳排放，同时还能够降低对石油资源的依赖。智能交通系统通过利用先进的信息技术，优化交通运营管理，提高交通运输效率，从而减少碳排放。新能源技术如太阳能、风能等，在交通领域的应用能够大大降低碳排放。绿色技术创新在降低交通碳排放方面具有重要作用。通过电动汽车、智能交通、新能源等技术的推广应用，以及跨领域融合、产学研合作等创新模式的推动，再加上政府政策的引导和扶持，绿色技术将在降低交通碳排放方面发挥更大的作用。同时，随着科技创新的不断进步、文化观念的转变和市场机制的完善，绿色技术降低交通碳排放的前景将更加广阔。

因此本书提出以下假设：

H3：数字经济发展对绿色技术创新有正向显著促进作用。

H4：绿色技术创新对交通运输碳排放强度呈现显著的负向影响。

基于上述理论分析，探究数字经济是否可以通过促进绿色技术创新来改善交通运输碳排放强度，本书借鉴温忠麟等（2004）[81]的研究，检验是否存在中介效应，构建如下中介效应模型：

$$\ln cei_{it} = \beta_0 + \beta_1 \ln dig_{it} + \beta \ln X_{it} + \mu_i + \delta_i + \varepsilon_{it} \qquad 式（6-3）$$

$$\ln gt_{it} = \alpha_0 + \alpha_1 \ln dig_{it} + \alpha \ln X_{it} + \mu_i + \delta_i + \varepsilon_{it} \qquad 式（6-4）$$

$$\ln cei_{it} = \lambda_0 + \lambda_1 \ln dig_{it} + \lambda_2 \ln gt_{it} + \lambda \ln X_{it} + \mu_i + \delta_i + \varepsilon_{it} \qquad 式（6-5）$$

式（6-3）为基准回归模型，式（6-4）为中介变量模型，式（6-5）为中介效应模型。

中介效应判断机制：首先对模型（6-3）进行回归，若系数 β_1 显著，则表示数字经济对交通运输碳排放强度的影响可能存在中介效应，可以进行下一步。其次对模型（6-4）和模型（6-5）进行回归，若估计系数 α_1、λ_1、λ_2 显著，则中介效应通过，否则要进行 sobel 检验，检验通过可以认为中介效应存在。

6.2.2 中介效应模型实证结果

绿色技术创新影响交通运输碳排放强度的中介效应模型估计结果如表6-2所示。表中第二列是未加入控制变量时数字经济对绿色技术创新的直接效应模型。此时数字经济回归系数为正且在1%显著性水平下通过检验，表示数字经济发展会促进交通运输领域绿色技术创新。当加入控制变量后（第三列），虽然数字经济发展水平对绿色技术创新影响程度有所下降，但仍有显著正向促进作用。除数字经济外，城镇化率、政府支持力度提高均能促进绿色创新技术发展。

表6-2　中介效应模型估计结果

变量	gt	gt	cei	cei
dig	8.991*** （10.85）	2.173*** （3.38）	−1.312*** （−5.89）	−0.954*** （−5.76）
gt			−0.194*** （−16.74）	−0.057*** （−4.45）
urban		5.039*** （14.05）		−0.868*** （−7.70）
estr		0.215 （2.51）		−0.141*** （−6.46）
gov		0.313*** （4.02）		−0.056*** （−2.75）
open		0.012 （0.17）		−0.095*** （−5.07）
tstr		−0.098 （−0.93）		−0.217*** （−7.87）
tet		0.017 （0.15）		−0.363*** （−12.71）
cons	6.545*** （28.66）	11.378*** （25.05）	−0.370*** （−3.98）	−2.154*** （−11.43）
控制变量	否	是	否	是
观测值	420	420	420	420

注：***、**、*分别表示1%、5%和10%的显著性水平，括号里为系数对应的z统计量。

第四列和第五列分别为考虑数字经济和绿色创新技术的估计结果，数字经济和绿色创新技术的回归系数均为负值，且在1%显著性水平下通过检验，根据中介效应原理，可以认为数字经济能通过促进绿色创新技术来降低交通运输碳排放强度。

数字技术已成为推动绿色创新的重要驱动力。人工智能、虚拟现实、物联网等技术在绿色能源、绿色制造、绿色交通等领域的应用不断拓展，为绿色创新提供了强大的技术支持。例如，人工智能可以帮助企业优化能源消耗和减少废弃物排放，虚拟现实和物联网技术可以在制造过程中实现资源的高效利用和减少环境污染。数字经济通过技术创新和产业结构优化，为减缓气候变化提供了新的途径。数字技术的应用可以帮助企业提高能源利用效率，减少温室气体排放。同时，数字经济还促进了清洁能源技术的发展，如风能、太阳能等，为全球应对气候变化做出了积极贡献。

数据资源在促进绿色发展方面具有重要作用。通过对环境监测、能源消耗、交通出行等数据的收集和分析，可以帮助政府和企业做出更加环保的决策。例如，城市管理部门可以利用大数据技术分析交通流量和拥堵情况，制定合理的交通规划，减少交通碳排放对环境的影响。此外，数据资源还可为绿色金融、绿色物流等领域提供有力支持。

数字平台已成为助力绿色产业的重要力量。共享经济、"互联网+"、大数据等技术在绿色产业中的应用不断深化，推动了产业结构的优化和升级。数字平台可以为绿色产业提供更加便捷的资源共享和信息交流，帮助企业提高生产效率和资源利用率，降低环境污染。例如，共享单车平台可以通过优化调度和维护，减少城市交通拥堵和碳排放。

数字金融通过创新金融产品和服务，为企业提供更加便捷和低成本的融资渠道，加速了绿色转型的进程。一方面，数字金融可以利用大数据和人工智能技术提高风险管理水平，为绿色项目提供更加可靠的融资支持；另一方面，数字金融还可以推动资本向清洁能源、节能环保等领域倾斜，促进产业结构调整和升级。

数字政府通过制定和实施一系列政策法规，引领绿色新政的发展。这些政策法规涉及清洁能源、节能减排、生态保护等方面，鼓励企业和个人积极参与绿色发展和低碳生活。同时，数字政府还通过行政管理、公共服务和数据开放等手段，推动政府各部门之间的协同合作，共同推进绿色发展和生态文明建设。数字人才在培育绿色未来方面具有举足轻重的作用。

随着数字技术的不断发展，对具有环保意识和创新精神的数字人才的需求不断增长。通过教育和培训，培养数字人才的环保意识和创新能力，将有助于推动数字经济更好地服务于绿色发展。同时，数字人才还可通过技术交流和知识分享，推动数字技术与绿色产业的融合发展，为未来绿色技术创新和社会进步奠定坚实基础。

6.3 本章小结

本章首先构建关于产业结构高级化的调节效应模型，探究产业结构高级化在数字经济影响交通运输碳排放强度的过程中是否起到调节作用。其次构建关于绿色技术创新的中介效应模型，探究数字经济是否可以通过影响绿色技术创新来降低交通运输碳排放强度。研究结果显示：（1）产业结构高级化能加强数字经济对交通运输碳排放强度的抑制效果，即产业结构升级，数字经济对交通运输碳排放强度的抑制作用加强。（2）数字经济可以通过促进绿色创新技术来降低交通运输碳排放强度。

7　数字经济对交通运输碳排放强度影响的空间效应

随着交通便利和信息网络的发展，区域间的经济活动越来越具有相关性。空间计量经济学诞生于20世纪70年代，随着计算机技术和地理信息技术的快速发展，空间计量经济学作为区域分析的重要应用，为空间相互作用研究提供了新的理论方法和分析工具，成为挖掘空间经济规律、阐释空间现象的重要途径。空间计量经济学是以区域科学和空间经济理论为基础，以建立、检验和应用空间计量模型为核心，运用计量、数学和计算机技术定量分析经济活动的空间自相关和空间不均衡性的学科[82]。20世纪90年代，随着空间计量知识的引入，空间计量经济学逐渐应用于我国城市经济学、房地产经济学、经济地理学和区域科学的实证研究中，空间计量经济学的不断完善弥补了传统计量经济学忽视数据间空间异质性和空间依赖性的缺点。

空间计量思想最早可以追溯到1968年的地理学研究文献中[83]，主要是定量分析地理学中的空间维度问题。此后，在空间计量模型设定、估计方法、模型选择和检验等方面取得了开拓性进展。例如，首次提出最大似然估计[84]、引入空间差分思想[85]，利用莫兰指数检验空间自相关[86]，设定贝叶斯空间模型[87]、空间自回归模型和空间移动平均模型[88]等。特别是Paelinck等[89]在1979年系统概括了空间计量经济学的方法特点和研究领域，定义了空间模型中空间相互依存关系、空间关系不对称性、空间解释因素重要性和空间模拟等原则，被认为是空间计量经济学研究的起点。Anselin[90]在他的著作中将空间计量经济学定义为"区域科学模型统计分析中，处理空间特性的一系列科学方法"，并首次将空间效应分解为空间异质性和空间依赖性，为空间经济计量学的发展做出了巨大贡献。本章运用空间计量经济学探究数字经济对交通运输碳排放强度影响的空间效应，主要包括空间计量模型设定、空间计量模型的构建与检验和空间计量模型的实证结果三部分内容。

7.1 数字经济对交通运输碳排放强度的空间计量模型设定

7.1.1 空间相关性检验

为确保变量在不同地区具有空间依赖性，通常需要在空间计量回归前进行空间相关性检验，增加空间计量模型实证结果的说服力。本节采用全局空间自相关和局部空间自相关分别探究交通运输碳排放强度和数字经济发展水平的空间分布状态，观察2008—2021年我国30个省区市交通运输碳排放强度和数字经济发展水平的空间演进特征。

7.1.1.1 全局空间自相关

检验空间上是否存在空间自相关性的重要指标就是莫兰指数（Moran's I），莫兰指数分为全局莫兰指数和局部莫兰指数。全局莫兰指数是用来描述空间单元在整个区域上与周边区域的平均关联程度，可以从整体上判断地区是否存在空间自相关性，不能确定每个地区变量具体受到其他哪些地区的影响。全局莫兰指数的取值范围（−1，1），正值表示存在空间正相关性，负值表示存在空间负相关性，0表示变量在研究空间内独立。全局莫兰指数计算公式为：

$$I = \frac{n\sum_{i=1}^{n}\sum_{j=1}^{n}w_{ij}(y_i-\bar{y})(y_j-\bar{y})}{\sum_{i=1}^{n}\sum_{j=1}^{n}w_{ij}\sum_{i=1}^{n}(y_i-\bar{y})^2} \qquad 式（7-1）$$

其中，n表示空间单元的个数，y_i和y_j分别代表第i个和第j个空间单元属性值，$\bar{y}$代表空间单元属性值的均值，w_{ij}代表空间权重值。

本节选取了空间经济距离矩阵，利用 StataMP 18 软件分别测算2008—2021年我国交通运输碳排放强度和数字经济发展水平的空间聚集性测算。结果如表7-1所示。

由表7-1可以看出，除2008年外，2009—2021年我国30个省区市的交通运输碳排放强度和数字经济发展水平均通过全局自相关检验。根据P值可以看出，在10%的显著性水平下，2009—2021年交通运输碳排放强度呈现较为显著的变化趋势，13年间交通运输碳排放强度的全局莫兰指数均为正值，省际交通运输碳排放强度存在长期稳定的空间正相关，即碳排放强度较高的地区倾向于有一个或多个邻近的城市也有更高的碳排放强度，交通碳排放强度较低的地区也有相同特征的相邻区域与其呈现低–低相关的空间正相关现象，由此可见，我国区域交通运输碳排放强度受到空间相关因素的影响，有较强的空间聚集现象。数字经济发展水平的全局莫兰指数也均为正值，表明各省域数字经济在空间上也呈现出高–高或低–低集聚的趋势。本小节检验结果证明，交通运输碳排放强度和数字经济发展水平均存在一定的空间相关性，可以使用空间计量模型进行实证分析。

表7-1　2008—2021年莫兰指数

年份	交通碳排放强度		数字经济发展水平	
	Moran's I	Z值	Moran's I	Z值
2008	0.161	1.573	−0.002	0.292
2009	0.175*	1.699	0.294***	3.205
2010	0.170*	1.702	0.270***	2.961
2011	0.167*	1.653	0.331***	2.985
2012	0.169*	1.703	0.411***	3.728
2013	0.281**	2.529	0.310***	3.091
2014	0.372***	3.245	0.283***	2.897
2015	0.418***	3.631	0.287***	2.915
2016	0.272**	2.470	0.327***	3.164
2017	0.279**	2.520	0.217**	2.170
2018	0.274**	2.488	0.272***	2.749
2019	0.264**	2.397	0.269***	2.714
2020	0.298***	2.671	0.283***	2.899
2021	0.287***	2.595	0.324***	3.275

注：***、**、*分别表示1%、5%和10%的显著性水平。

7.1.1.2　局部空间自相关

局部莫兰指数是对地区之间指标的相互影响进行具体分析，利用局部莫兰指数和LISA集聚图分别对交通运输碳排放强度和数字经济发展水平进行局部空间自相关分析。局部莫兰指数计算公式如下：

$$I_i = \frac{n(y_i - \bar{y}) \sum_{j=1}^{n} w_{ij}(y_j - \bar{y})}{\sum_{i=1}^{n}(y_i - \bar{y})^2} \qquad \text{式（7-2）}$$

其中，I_i代表某一省域的局部莫兰指数，与全局莫兰指数的关系为：$I = \frac{1}{n}\sum_{i=1}^{n} I_i$。

$I > 0$表示区域I与其周边区域正相关，呈现高–高集聚或低–低集聚。$I < 0$代表区域I与其周边区域负相关，呈现高–低集聚或低–高集聚。本书分别计算2009年、2015年和2021年交通运输碳排放强度和数字经济发展水平的局部莫兰指数，并且用StataMP 18 软件绘制局部莫兰散点图。莫兰散点图共分为四个象限，每个象限对应不同类型的空间自相关，第一象限表示高–高正相关（H-H），第二象限表示低–高负相关（L-H），第三象限表示低–低正相关（L-L），第四象限表示高–低负相关（H-L）。

图7–1、图7–4分别是2009年我国30个省区市的交通运输碳排放强度和数字经济发展水平的莫兰散点图。图7–2、图7–5分别是2015年我国30个省区市的交通运输碳排放强度和数字经济发展水平的莫兰散点图。图7–3、图7–6分别是2021年我国30个省区市的交通运输碳排放强度和数字经济发展水平的莫兰散点图。

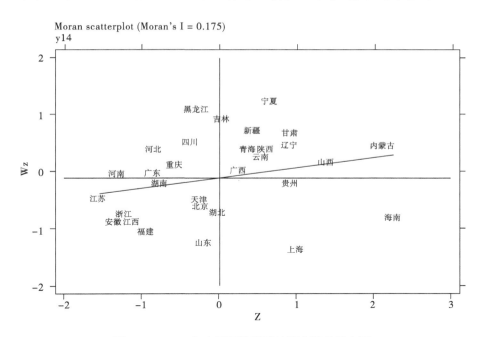

图 7–1　2009 年交通运输碳排放强度莫兰散点图

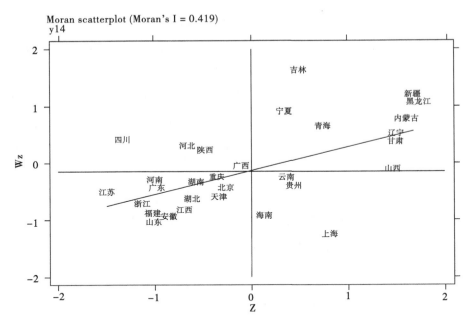

图 7-2　2015 年交通运输碳排放强度莫兰散点图

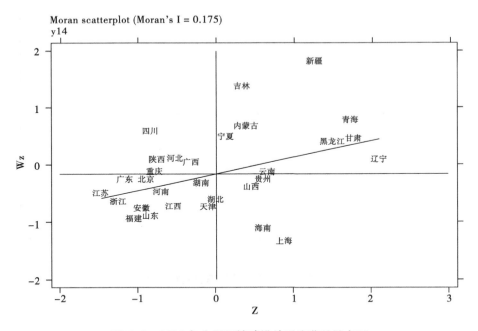

图 7-3　2021 年交通运输碳排放强度莫兰散点图

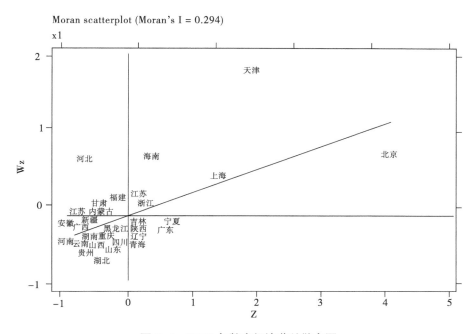

图 7-4 2009 年数字经济莫兰散点图

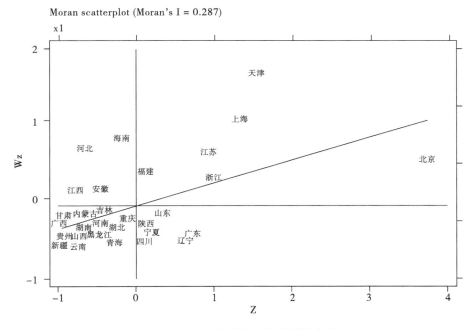

图 7-5 2015 年数字经济莫兰散点图

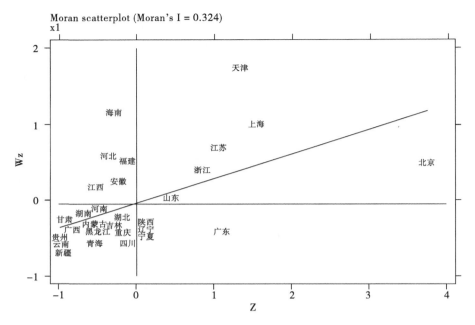

图 7-6　2021 年数字经济莫兰散点图

　　由图 7-1 至图 7-3 可知，我国各省域的交通运输碳排放强度的莫兰散点图主要集中在第一、三象限，仅有少数几个省域处在第二、四象限。表明地区之间存在较强的空间依赖性，交通运输碳排放强度较高或者较低区域一般较为集中。在交通运输碳排放强度的莫兰散点图中，处于第一象限的省份多为经济欠发达地区，其中宁夏、新疆、青海、甘肃等省份一直处于高-高集聚区。由图 7-4 至图 7-6 可知，我国各省域数字经济莫兰散点图主要位于第一、二、三象限，这可能是因为数字经济发展有一定的空间集聚性，数字经济发展高水平的区域可以带动低水平区域发展，而数字经济发展低水平区域由于集聚效应很难突破。处于第二象限的地区被数字经济发展水平较高的地区包围，具有数字经济发展上的位置优势，但由于产业结构和技术水平等因素的影响，数字经济发展还不具备较强的竞争力。数字经济发展水平较高的地区一般会向外辐射从而带动周边地区数字经济发展。在数字经济发展水平的莫兰散点图中，处于第一象限的省份多为经济较发达地区，其中上海、江苏、浙江等省份一直处于高-高集聚区。纵向比较发现，2009—2021 年的交通运输碳排放强度和数字经济发展水平的莫兰散点图变化不太明显，说明其空间分布态势比较稳定，可以进一步采取空间计量模型进行分析。

7.1.2　空间权重矩阵的构建

根据地理学第一定律"所有事物都与其他事物紧密关联，只不过相近的事物关联更紧密"，空间权重矩阵就可以用来衡量事物间的关联程度。空间权重矩阵需要满足正则性、非负性等条件，可以分为空间邻接权重矩阵和空间距离权重矩阵。

$$W = \begin{bmatrix} w_{11} & w_{12} & \cdots & w_{1n} \\ w_{21} & w_{22} & \cdots & w_{2n} \\ \vdots & \vdots & \ddots & \vdots \\ w_{n1} & w_{n2} & \cdots & w_{nn} \end{bmatrix} \qquad 式（7-3）$$

7.1.2.1　空间邻接权重矩阵

根据空间相邻关系，相邻既可以有共同顶点又可以有共同边界，可以分为象相邻、车相邻、后相邻三种类型。

图7-7参考陈强编著的《高级计量经济学及Stata应用》，形象表示了空间邻接权重矩阵，从左到右依次表示象相邻、车相邻和后相邻。象相邻表示两个相邻的区域A和B有共同的顶点，但没有共同的边；车相邻表示两个相邻的区域A和B有共同的边；后相邻则表示两个相邻的区域A和B既有共同的边又有共同的顶点。

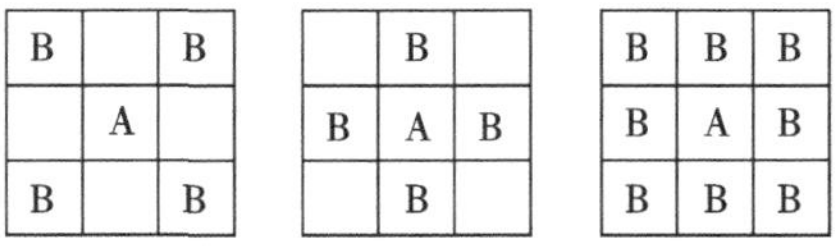

图7-7　空间邻接权重矩阵

$$W_{ij} = \begin{cases} 1, & 若地区 \ i \ 与地区 \ j \ 相邻 \\ 0, & 若地区 \ i \ 与地区 \ j \ 不相邻 \end{cases} \qquad 式（7-4）$$

7.1.2.2　空间距离权重矩阵

空间距离权重矩阵通过人为设定距离将并不相邻的空间单元也纳入了考察空间依赖关系的框架中，突破了邻接矩阵的束缚。空间距离可以分为狭义距离和广义距离。

其中，狭义距离表示两个地区间的行政中心距离或者质心距离，距离越近，空间权重系数越小、空间相关性越差。具体表达式如下：

$$W_{ij} = \begin{cases} \dfrac{1}{d_{ij}}, & 当 \ i \neq j \\ 0, & 当 \ i = j \end{cases} \qquad 式（7-5）$$

广义距离则包括各种形式的虚拟距离，如经济距离，地区间的经济距离是指在经济发展水平、收入水平、产业结构等方面的差异。经济距离主要受交通运输技术进步和设施改善的影响而变化，经济距离的度量可以仿照欧式距离进行计算，即知道某项经济指标，通过计算差值来衡量两区域之间的经济距离。在研究地区经济聚集现象时，很多情况下地理距离不能代表相关性相同。例如，湖南省、贵州省、重庆市相邻，但是湖南省和重庆市的经济实力明显高于贵州省，则可以认为湖南省和重庆市的经济距离更近，而贵州省与湖南省、重庆市的经济距离较小，因此后者的空间权重系数要比前者小，空间相关性更弱。具体表达式为：

$$W_{ij} = \begin{cases} \dfrac{1}{|X_i - X_j|} & \text{当 } i \neq j \\ 0 & \text{当 } i = j \end{cases} \qquad \text{式（7-6）}$$

其中，X_i、X_j 代表各区域间经济发展水平，常用人均GDP来衡量。

7.1.3 空间计量模型

空间计量模型与传统计量模型不同的是，空间计量模型可以用来解决变量间的空间相互作用与空间依赖性。空间计量模型主要包括空间滞后模型、空间误差模型和空间杜宾模型三种形式。

7.1.3.1 空间滞后（SLM）模型

空间滞后模型也叫作空间自回归模型（SAR模型），在空间自回归模型中，被解释变量间存在较强的空间依赖性，进而相邻地区被解释变量会通过空间传导机制影响到本地区被解释变量。在一定程度上，该模型可以分析变量在地理空间上是否存在溢出效应。空间自回归模型的一般形式为：

$$y = \rho Wy + X\beta + \varepsilon \qquad \text{式（7-7）}$$

其中，ρ 表示空间自回归系数，ρ 的估计量显著表示存在空间自相关，其取值范围为 $[-1, 1]$，符号为正表示存在正相关，反之则为负相关；W 为空间权重矩阵，反映空间个体之间的作用机制；Wy 表示空间滞后因变量；X 为解释变量；β 为对应的系数向量；$\varepsilon \sim N(0, \sigma^2)$ 为随机扰动项。

7.1.3.2 空间误差（SEM）模型

在空间误差模型中，相邻地区误差项通过空间传导机制影响本地的被解释变量。因此，该模型主要适用于研究区域之间的相互作用因所处的相对位置不同而存在差异的情况。空间误差模型的一般形式为：

$$y = X\beta + \varepsilon \qquad\qquad 式（7-8）$$

$$\varepsilon = \rho W\varepsilon + v \qquad\qquad 式（7-9）$$

$$y = X\beta + (1-\rho W)^{-1}v \qquad\qquad 式（7-10）$$

其中，ρ 表示空间误差自回归系数，$W\varepsilon$ 是空间滞后误差项，v 是独立同分布的扰动项。

7.1.3.3 空间杜宾（SDM）模型

空间杜宾模型，结合了空间误差模型和空间滞后模型的优点，是两个模型的扩展形式。空间杜宾模型同时考虑了被解释变量和解释变量的自相关，可以更好地阐释被解释变量和解释变量的空间相关性和空间溢出效应。空间杜宾模型的一般形式为：

$$y = \rho WY + X\beta + \theta WX + \varepsilon \qquad\qquad 式（7-11）$$

其中，ρ 为空间自回归系数，θ 为解释变量空间滞后项参数，W 为空间权重矩阵，WY 为空间滞后变量，反映了空间距离对区域的作用，ε 为随机误差项。

7.2 数字经济对交通运输碳排放强度的空间计量模型检验及构建

7.2.1 模型检验

本节在实证研究过程中，使用空间经济距离矩阵进行空间计量分析。在运用空间计量模型进行分析前，需要进行一系列检验。本书采用 Anselin（1988）[90] 提出的检验方法，按照图 7-8 顺序依次进行。第一步，拉格朗日检验（LM 检验），以此来判断变量之间是否存在空间关系以及空间关系的类别。LM 检验以 LM-Lag 和 LM-Error 为判断标准，当两者均不显著时，表明各变量之间无空间关系，应采用普通回归模型；当 LM-lag 显著但 LM-Error 不显著时，应选择空间滞后模型；当 LM-lag 不显著但 LM-Error 显著时，应选择空间误差模型；当两者均显著时，则采取下一步的 Robust-LM 检验。第二步，稳健性拉格朗日检验（Robust-LM 检验）。Robust-LM 检验以 Robust-LM-Lag 和 Robust-LM-Error 为判断标准，Robust-LM-Lag 显著但 Robust-

LM-Error不显著时，应选择空间滞后模型；Robust-LM-Lag不显著但Robust-LM-Error显著时，选择空间误差模型；若两者均显著时，则继续使用Wald检验和LR检验。第三步，Wald 和 LR 检验。Wald 和 LR 检验是检验空间杜宾模型是否会退化为空间误差模型和空间滞后模型[91]。

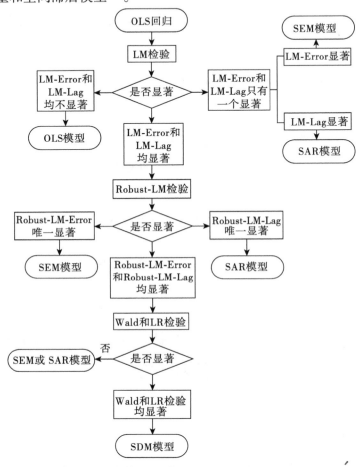

图 7-8　空间计量模型的检验流程图

为了探究数字经济对交通运输碳排放强度的影响，本书对数字经济发展水平及平方项进行空间计量回归。在进行空间计量回归前，首先，进行一系列检验，检验结果见表7-2。通过全局莫兰指数和局部莫兰指数的检验，证明我国省域间交通运输碳排放强度存在空间集聚特征。如表7-2所示，LM-Lag 和 LM-Error 检验值均通过1%的显著性水平检验，拒绝非空间面板更适合数据的原假设，可以采用空间计量模型进行回归。Robust-LM-Lag 和 Robust-LM-Error的检验值也在1%的水平下显著，说明选择空间误差模型和空间滞后模型均适合，因此本书选取两者结合的空间杜宾模型。其次，进行Hausman检验，判断空间杜宾模型采用固定效应还是随机效应。Hausman检验统计值为19.32，对应的P值为0.000，通过了1%的显著性水平，即拒绝存在随机效应的原假设，选用固定效应模型更好。固定效应又分为时间固定效应、地区固定效应、双固定效应，需要进行地区固定效应和时间固定效应检验来进一步判断，检验结果显示在5%的显著性水平上拒绝了原假设，说明同时包含时间和地区的双固定效应模型更加合适。最后，检验空间杜宾模型是否会退化为空间滞后模型或空间误差模型，进行Wald检验以及LR检验，结果显示在1%的显著性水平下Wald检验与LR检验明显显著，拒绝空间杜宾模型可以简化为空间滞后模型和空间误差模型的原假设，说明本书构建双固定效应的空间杜宾模型研究数字经济对交通运输碳排放强度的空间影响更为合适。

表7-2 空间计量模型检验结果

检验	统计量	P值
Moran's I	2.952	0.003
LM-Lag	13.084	0.000
LM-Error	133.713	0.000
Robust-LM-Lag	12.810	0.000
Robust-LM-Error	133.440	0.000
Hausman	19.32	0.000
地区固定效应	19.16	0.023
时间固定效应	751.14	0.000
LR-Lag	36.23	0.000
LR-Error	32.8	0.000
Wald-Lag	46.12	0.000
Wald-Error	45.69	0.000

7.2.2 空间计量模型的构建

空间计量模型一般形式是由线性回归模型扩展来的：

$$y_{it} = \beta x_{it} + \varepsilon_{it} \qquad\qquad 式（7-12）$$

若残差中存在空间自相关，则式（7-12）可以扩展为：

$$\varepsilon_{it} = \lambda M_i \varepsilon_t + v_{it} \qquad\qquad 式（7-13）$$

$$y_{it} = \beta x_{it} + \lambda M_i \varepsilon_t + v \qquad\qquad 式（7-14）$$

若被解释变量存在空间自相关，则式（7-14）可以进一步扩展为：

$$y_{it} = \beta x_{it} + \rho W_i y_t + \lambda M_i \varepsilon_t + v_{it} \qquad\qquad 式（7-15）$$

若解释变量存在空间自相关，则式（7-15）扩展为：

$$y_{it} = \beta x_{it} + \rho W_i y_t + \delta DX_{it} + \lambda M_i \varepsilon_t + v_{it} \qquad 式（7-16）$$

在此基础上，考虑到被解释变量的自相关性，在式（7-16）中加入一阶滞后项，则可以得到空间计量模型的基本形式：

$$y_{it} = \tau y_{i,\,t-1} + \beta x_{it} + \rho W_i y_t + \delta Dx_{it} + \mu_i + \gamma_t + \varepsilon_{it} \qquad 式（7-17）$$

$$\varepsilon_{it} = \lambda M_i \varepsilon_t + v_{it} \qquad 式（7-18）$$

式（7-17）中，i 为地区，t 为时间，y_{it} 是被解释变量，$y_{i,\,t-1}$ 是被解释变量的一阶滞后，x_{it} 为解释变量；W_i 和 D 分别为对应的空间权重矩阵，M_i 为残差项的空间权重矩阵，μ_i 为个体固定效应，γ_t 为时间固定效应，ε_{it} 为随机扰动项，τ、β、ρ、δ、λ 为系数。若 δ、λ 为0时，模型中仅包含被解释变量的自相关，空间杜宾模型简化为空间滞后模型；若 τ、δ、ρ 为0时，说明存在误差项的空间效应，空间杜宾模型简化为空间误差模型。根据前文的检验结果，本书建立双固定效应的空间杜宾模型，具体形式如下：

$$cei_{it} = \beta_1 dig_{it} + \beta_2 dig_{it}^2 + \beta_3 con_{it} + \delta_1 Wcei_{it} + \delta_2 Wdig_{it} + \delta_3 Wdig_{it}^2 + \delta_4 Wcon_{it} + \mu_i + \gamma_t + \varepsilon_{it}$$

$$式（7-19）$$

其中，cei_{it} 为被解释变量交通运输碳排放强度，dig_{it} 为核心解释变量数字经济发展水平，con_{it} 为控制变量，β_k 为影响因素的系数，δ_k 为空间自回归系数，W 表示空间权重矩阵，μ_i 表示个体固定效应，γ_t 表示时间固定效应，ε_{it} 表示随机误差项。本章中控制变量与第5章一致，包括城镇化率、交通能源结构、交通行业结构、交通能源技术和政府支持力度。基于环境库兹涅茨理论，本章在空间计量模型中纳入数字经济的平方项，探究数字经济与交通运输碳排放强度间是否存在倒"U"型曲线关系。

7.3 数字经济对交通运输碳排放强度的空间计量模型实证结果

7.3.1 空间杜宾模型估计结果

用时间空间双固定效应的空间杜宾模型进行参数估计，估计结果如表7-3所示。空间杜宾模型回归结果中解释变量对被解释变量的作用可以分为两个部分，其中

Main是本地区解释变量对本地区被解释变量的作用大小，Wx是权重矩阵部分，表示相邻地区解释变量对本地区被解释变量或者本地区解释变量对相邻地区被解释变量的作用效果。数字经济发展水平对交通运输碳排放强度的一次项系数在1%的显著性水平下为正，二次项系数在1%的显著性水平下为负，说明数字经济与交通运输碳排放强度之间存在倒"U"型曲线关系，"U"型曲线存在拐点，在达到拐点之前，交通运输碳排放强度随数字经济发展水平的提高而增加，产生绿色悖论；当达到拐点之后，随着数字经济发展水平的提高，交通运输碳排放强度呈下降趋势，数字经济对交通运输碳排放起到倒逼减排的作用。在数字经济发展初期，数字经济规模效应极大地刺激了各行业的需求和经济活动，不可避免地增加了交通运输需求和能源消耗，推动了交通运输部门碳排放量增加，对交通碳排放强度降低产生不利影响。同时网上购物刺激了物流业的快速扩张，从而增加了交通运输活动和交通运输碳排放。随着数字经济发展成熟，数字经济在革新能源和交通技术，促进新能源交通系统和智能交通系统等方面的发展，有助于提高能源利用效率，提高交通运输系统的管理和运行效率，减少交通拥堵和能源消耗，此时数字经济有助于减少交通活动对环境的负面影响。本地数字经济与邻近地区的交通碳排放强度也存在显著的倒"U"型曲线关系，这可能是因为本地数字经济发展会使高能耗企业、高碳排放运输工具向邻近地区转移，从而增加邻近地区交通运输碳排放强度，但是随着邻近地区数字经济快速发展，大力推广替代燃料，积极引导低碳运输方式，有利于达到全区范围内数字经济发展水平的平衡以及交通运输碳排放强度的整体下降。

表7-3 空间杜宾模型估计结果

变量	Main统计量	z统计量	Wx	z统计量
dig	0.256***	3.620	0.357**	2.470
dig2	−0.535***	−3.160	−0.881***	−2.610
urban	−0.064	−1.130	−0.578***	−4.350
estr	−0.015***	−4.060	0.026***	3.170
gov	−0.256***	−3.290	−0.650***	−3.930
open	0.019	1.440	−0.069***	−2.610
tstr	−0.299***	−4.920	−0.238**	−1.970
tet	−0.045***	−9.190	0.028***	2.290

注：***、**、*分别表示1%、5%和10%的显著性水平。

进一步分析其他控制变量的回归结果，在1%的显著性水平下，交通能源结构对交通碳排放强度的影响系数显著为负，说明发展天然气和电力等清洁能源、提高可再生能源占比，能有效促进交通运输碳排放强度的降低。优化交通能源结构会增加邻近地区的交通运输碳排放强度，这可能是因为经济较好地区大力推动新能源交通工具，导致高能耗高排放的交通工具向周边地区扩散，同时经济较为落后地区，因为交通基础设施落后、缺乏新能源汽车充电桩等基础设备，不利于降低当地交通碳排放。除此以外，提高交通运输财政支出和推动交通能源技术发展能有效降低当地及邻近地区交通碳排放强度，政府应该提供政策、资金、土地等政策支持，建设绿色交通基础设施、优化交通运输结构、推广应用新能源、完善绿色交通监管体系，尤其是对经济欠发达地区要有适当的政策倾斜、示范引导。

7.3.2　空间杜宾模型效应分解

为了验证数字经济对交通运输碳排放强度是否有空间溢出效应。本书基于LeSage和Pace等（2009）提出的偏微分分解方法[92]，进一步研究数字经济对交通运输碳排放强度的直接效应、间接效应和总效应。直接效应是指区域内解释变量对本区域被解释变量的影响程度，间接效应是周边区域解释变量对本区域被解释变量的影响程度，总效应是指所有区域的解释变量变化一个单位，对本区域被解释变量的影响。从数值来看，总效应等于直接效应和间接效应的代数加总。

用StataMP 18软件对空间杜宾模型进行效应分解，结果见表7-4。在直接效应和间接效应下，数字经济的回归系数均显著为正，二次项的回归系数均显著为负，说明数字经济对当地及邻近地区交通运输碳排放强度存在显著的非线性关系与空间溢出效应。本地数字经济发展可能会使高能耗企业、高排放运输工具向周边地区转移，但是随着周边地区数字经济快速发展，积极引导低碳运输方式，有利于达到全区范围内数字经济发展水平的平衡以及交通运输碳排放强度的整体下降。

表7-4　空间杜宾模型效应分解

变量	估计结果		
	直接效应	间接效应	总效应
dig	0.252*** （3.430）	0.339** （2.540）	0.591*** （4.090）
dig2	−0.529*** （−3.030）	−0.829*** （−2.630）	−1.358*** （−3.750）
urban	−0.051 （−0.900）	−0.557*** （−4.690）	−0.608*** （−5.010）

变量	估计结果		
	直接效应	间接效应	总效应
estr	−0.016***	0.027***	0.011
	（−4.330）	（3.170）	（1.150）
gov	−0.244***	−0.615***	−0.859***
	（−3.230）	（−4.090）	（−5.210）
open	0.021	−0.067**	−0.045*
	（1.610）	（−2.570）	（−1.660）
tstr	−0.297***	−0.222*	−0.519***
	（−4.760）	（−1.870）	（−3.710）
tet	−0.046***	0.029**	−0.017
	（−8.740）	（2.520）	（−1.330）

注：***、**、*分别表示1%、5%和10%的显著性水平，括号里为系数对应的z统计量。

从直接效应来看，政府支持力度显著降低交通运输碳排放强度，说明近年来政府交通财政支出不再局限于传统行业，更偏向于支持新兴技术和产业，推动交通智能化发展，构建基于云计算、大数据等技术的智慧交通管理系统，实现城市交通可持续发展和创新发展。从间接效应来看，政府支持力度系数为负，说明政府增加交通财政支出对邻近地区的交通碳排放强度有负向的空间溢出效应，本地政府加大对交通运输支出为邻近地区产生了示范效应，加速技术转移和要素外溢降低了邻近地区交通运输碳排放强度。

对于交通能源结构来说，直接效应下，清洁能源消耗显著降低本地区交通运输碳排放强度。但是从间接效应来看，交通能源结构对邻近地区碳排放强度有正向的空间溢出效应，这可能是因为本地区大力推动新能源交通工具，使传统高能耗交通工具向邻近地区扩散，增加邻近地区交通运输碳排放强度，最后反作用于全区域，增加整体碳排放。同时也说明局部地区的清洁能源使用不能达到节能减排的目的，应在全区范围内推广交通清洁能源使用，地区间加强交流合作，推进新能源基础设施建设，达到全区范围内的交通碳减排。

7.3.3　稳健性检验

7.3.3.1　替换核心解释变量进行稳健性检验

前文采用熵值法测算数字经济水平，为验证空间杜宾模型的稳健性，本节使用主成分分析法重新测算数字经济发展水平，在保持其他变量不变的情况下，使用新的数字经济指标重新进行空间杜宾模型回归。结果如表7-5所示。

表7-5　替换数字经济测算方法前后回归结果对比分析

变量	替换前		替换后	
	Main	Wx	Main	Wx
dig	0.256***	0.357**	0.039***	0.017*
dig2	−0.535***	−0.881***	−0.003**	−0.004**
urban	−0.064	−0.578***	0.014	−0.389***
estr	−0.015***	0.026***	−0.014***	0.017**
gov	−0.256***	−0.650***	−0.192**	−0.444***
open	0.019	−0.069***	−0.006	−0.102***
tstr	−0.299***	−0.238**	−0.243***	−0.222**
tet	−0.045***	0.028***	−0.050***	0.007

注：***、**、*分别表示1%、5%和10%的显著性水平。

从实证结果来看，使用主成分分析法重新测算数字经济发展水平后，数字经济发展水平对交通运输碳排放强度的一次项系数在1%的显著性水平下为正，二次项系数在5%的显著性水平下为负，数字经济与交通运输碳排放强度之间存在倒"U"型曲线关系。这一结果与上一节计量分析结果相同，说明数字经济对交通运输碳排放强度的作用具有稳健性，稳健性检验通过。

7.3.3.2　替换空间权重矩阵进行稳健性检验

为了增强结论的可靠性，通过替换空间权重矩阵的形式再次进行稳健性检验。本节使用反距离空间权重矩阵对空间杜宾模型进行稳健性检验，其中反距离空间权重矩阵是由各省域的经纬度平方计算所得，其他变量保持不变。结果如表7-6所示。

表7-6　替换空间权重矩阵前后回归结果对比分析

变量	替换前		替换后	
	Main	Wx	Main	Wx
dig	0.256***	0.357**	0.269***	0.218*
dig2	−0.535***	−0.881***	−0.503***	−0.731**
urban	−0.064	−0.578***	0.002	−0.473***
estr	−0.015***	0.026***	−0.019***	0.002
gov	−0.256***	−0.650***	−0.253***	0.069
open	0.019	−0.069***	0.020	0.043

变量	替换前		替换后	
	Main	Wx	Main	Wx
tstr	−0.299***	−0.238**	−0.234***	−0.380**
tet	−0.045***	0.028***	−0.043***	−0.043***

注：***、**、*分别表示1%、5%和10%的显著性水平。

从实证结果来看，使用反距离空间权重矩阵重新对空间杜宾模型进行回归后，数字经济发展水平对交通运输碳排放强度的一次项系数在1%的显著性水平下为正，二次项系数在1%的显著性水平下为负，数字经济与交通运输碳排放强度之间存在倒"U"型曲线关系。这一结果与上一节计量分析结果相同，说明数字经济对交通运输碳排放强度的作用具有稳健性，稳健性检验通过。

7.4　本章小节

本章基于空间计量经济学探究数字经济对交通运输碳排放强度的空间效应。第一部分空间计量模型设定：首先，采用全局空间自相关和局部空间自相关分别探究交通运输碳排放强度和数字经济发展水平的空间分布状态；其次，介绍了空间邻接权重矩阵和空间距离权重矩阵；最后，介绍了空间滞后模型、空间误差模型和空间杜宾模型三种空间计量模型。第二部分空间计量模型的构建及检验：首先，基于Anselin提出的检验方法检验空间计量模型；其次，建立交通运输碳排放强度为被解释变量，数字经济为核心解释变量的空间杜宾模型。第三部分空间计量模型的实证结果分析：首先，分析空间杜宾模型的基准回归结果；其次，研究数字经济对交通运输碳排放强度的直接效应、间接效应和总效应；最后，运用替换核心解释变量和替换权重矩阵的方法进行稳健性检验。通过分析数字经济对交通运输碳排放强度的空间效应发现，数字经济与交通运输碳排放强度之间存在倒"U"型曲线关系，同时本地区数字经济与邻近地区交通运输碳排放强度存在显著的非线性关系与空间溢出效应，随着邻近地区数字经济的发展，有利于达到全区范围内数字经济发展水平的平衡以及交通运输碳排放强度的整体下降。

8 数字经济对交通运输碳排放强度影响的门槛效应

本书第5章使用面板回归模型分析数字经济与交通运输碳排放强度的线性关系，然而在现实中，数字经济对交通运输碳排放强度的影响可能并非严格线性关系，因此本章进一步用面板门槛模型验证数字经济与交通运输碳排放强度之间可能存在的非线性关系。首先，通过理论分析建立数字经济与交通运输碳排放强度的面板门槛模型。其次，通过三重门槛检验被解释变量和解释变量之间的门槛个数，计算门槛值和置信区间。最后，进行门槛回归模型计算回归系数。

8.1 数字经济对交通运输碳排放强度影响的门槛模型构建

Hansen（1999）[93]提出面板门槛模型，其核心思想是探究被解释变量和解释变量的关系是否因为门槛数值的变化而发生结构性突变。构造如下所示单一面板门槛模型：

$$y_{it} = \begin{cases} \mu_i + \beta_1 x_{it} + \varepsilon_{it}, & q_{it} \leq \gamma \\ \mu_i + \beta_2 x_{it} + \varepsilon_{it}, & q_{it} > \gamma \end{cases} \qquad 式（8-1）$$

式（8-1）中，y_{it}为被解释变量，x_{it}为解释变量，q_{it}为门槛变量，γ为未知门槛值，β_1、β_2为待估参数，μ_i为个体固定效应，ε_{it}为随机扰动项。

接着进行门槛效应检验，基本假设为：

$$\begin{cases} H_0 : \beta_1 = \beta_2 \\ H_1 : \beta_1 \neq \beta_2 \end{cases}$$

Hansen通过构造LR统计量判断是否存在门槛效应。零假设成立时，方程组退化为单一线性回归方程，表示不存在门槛效应。若拒绝原假设，则说明存在门槛效应，β_1、β_2在不同区间有不同的作用效果。

数字经济对交通运输碳排放强度的影响可能存在非线性关系，本书进一步用面板门槛模型验证非线性关系。在经济发展水平较低时，数字经济发展环境不够成熟，此时数字经济可能无法与交通运输业相适应，导致数字经济发展可能不会对交通运输碳排放强度减弱起到明显作用。为了验证该假设，本书使用人均GDP作为门槛变量，数字经济作为核心解释变量进行门槛回归。

根据Hansen提出的面板门槛模型对前文提出的非线性关系进行探究，对人均GDP的门槛值进行估计。本书先把门槛模型假设为单门槛模型，构造的人均GDP门槛模型如下：

$$\ln cei_{it} = \beta_0 + \beta_1 dig_{it} \cdot I(pgdp_{it} \leq \gamma) + \beta_2 dig_{it} \cdot I(pgdp_{it} > \gamma) + u_i + \varepsilon_{it} \qquad 式（8-2）$$

式（8-2）中，cei_{it} 为被解释变量交通运输碳排放强度，dig_{it} 为解释变量数字经济发展水平，$pgdp_{it}$ 为门槛变量人均GDP，γ 为门槛值，β_1 和 β_2 为回归系数，u_i 为个体效应，$I(\cdot)$ 为指标函数，ε_{it} 为随机扰动项。

8.2　数字经济对交通运输碳排放强度影响的门槛模型实证结果

根据前文研究可知，数字经济与交通运输碳排放强度间可能存在非线性关系，用StataMP 18对具体门槛数量检验，显示的检验结果见表8-1。当门槛变量为人均GDP时，三重门槛的P值为0.547，未通过10%的显著性水平检验，接受不存在三重门槛的假设，双重门槛的P值为0.000，通过了1%的显著性水平检验，拒绝原假设，认为存在双重门槛值。因此确认门槛回归模型中存在2个门槛值。确认存在2个门槛值后，对门槛变量进行门槛值和置信区间的估计。第一门槛值为10.155 2，95%的置信区间为[10.066 7，10.171 1]，第二门槛值为10.768 4，95%的置信区间为[10.459 8，10.681 1]。因此本书最终构建人均GDP的双门槛模型：

$$\ln cei_{it} = \beta_0 + \beta_1 dig \cdot I(pgdp_{it} \leq \gamma_1) + \beta_2 dig \cdot I(\gamma_1 < pgdp_{it} \leq \gamma_2) +$$
$$\beta_3 dig \cdot I(pgdp_{it} > \gamma_2) + u_i + \varepsilon_{it} \qquad 式（8-3）$$

表8-1　门槛个数

门槛变量	门槛数量	临界值				
		Fstat	Prob	10%	5%	1%
人均GDP	单一门槛	257.110	0.000	67.351	79.908	104.263
	双重门槛	139.600	0.000	30.323	43.130	55.648
	三重门槛	31.210	0.547	65.046	72.755	99.358

表8-2为双门槛模型估计结果，结果显示，人均GDP作为门槛变量分析数字经济对交通运输碳排放强度的影响表现出了较强的门槛效应，当人均GDP小于10.155 2时，数字经济发展水平系数1.683，并在1%显著性水平上通过检验，此时数字经济会增加交通运输碳排放强度。当人均GDP大于10.155 2时，数字经济才会抑制交通运输碳排放强度，而且当人均GDP大于10.768 4时，数字经济的减排红利逐渐提升。数字经济对交通碳排放的影响会因为地区经济发展水平、资源禀赋、创新能力不同而产生差异，经济发达地区拥有较为完善的政策体系和环保机制，政府可以通过数字技术提高政策实施的精准度和效率。数字化和智能化成为城市规划的主要方向，智能交通系统、绿色建筑等方面的数字技术的应用，有利于减少交通拥堵和碳排放。同时经济发达地区居民生活水平较高，数字经济发展改变了人们的生活习惯和消费观，人们对低碳环保的需求增加，进一步推动企业进行环保创新和产业升级。

表8-2　双门槛模型估计结果

	系数	T统计量	P值
dig（$pgdp<\gamma1$）	1.683	3.140	0.004
dig（$\gamma1<pgdp<\gamma2$）	−1.189	−2.370	0.025
dig（$pgdp>\gamma2$）	−3.059	−10.810	0.000
Cons	−1.802	−37.590	0.000
R-squared：	0.672 1		

8.3　本章小结

本章构建面板门槛模型，探究数字经济与交通运输碳排放强度之间可能存在的非线性关系。结果显示：人均GDP对于数字经济影响交通运输碳排放强度存在双重门槛效应，当经济发展水平较低时，数字经济发展会增加交通运输碳排放强度，只有当经济发展水平高时，数字经济才能发挥其减排红利，且减排效果随着人均GDP的提高而增强。

9　结论与建议

9.1 结论

数字经济增强了整合资源和创新的能力，并在降低能源使用强度和碳排放方面显示出重大贡献，数字经济的环境效应可以从宏观发展、中观产业和微观企业三个方面阐述。

从宏观来看，首先，数字经济发展能有效提高信息和知识共享能力，知识积累是影响创新的关键因素，因此数字经济可以加速创新过程，提高资源配置和利用效率，形成正向反馈机制。其次，数字经济可以跨区域整合信息和资源，重建区域间的经济结构，推动形成区域创新、协调发展的新格局。高效率、低成本、少资源损耗的数字技术可以渗透至生产生活的方方面面，全面布局的数字化基础设施，有利于提升技术创新速度、技术扩散效率和企业生产效率。除此之外，数字经济还催生了"平台经济""共享经济"等新型商业模式的出现，提高了生产和经营效率，从而减少了碳排放，并积极持续地影响着高质量发展。

从中观来看，数字化与传统行业相结合，给行业带来了更多的机遇和可能，由于数字经济具有高技术、高渗透性和高增长的特征，有利于企业提高竞争力，依靠数字技术提高生产力，促进企业向高技术转型，推动产业结构由要素投入驱动型低端产业向创新驱动型和数据驱动型产业转变，产业结构优化反馈到绿色技术创新，有利于缓解空气污染。

从微观来看，数字化渗透个人生活方方面面，网上办公、移动支付、共享交通等减少资源浪费和能源消耗。同时数字媒体打破信息壁垒，不仅可以增加公众感知环境的能力，又为公众提供了及时反馈环境信息的工具。数字技术的发展为政府环境监管提供了适当的技术支撑，降低了对生态环境问题监管难度，政府可以通过大数据、遥感技术实时动态监测空气质量，了解污染排放和掌握环境承载能力。有利于相关环境政策的制定，为政府遏制区域碳排放提供了依据。

数字经济对交通产生了广泛的影响，主要体现在以下几个方面。第一，数字经济改变了人们出行方式，数字经济催生了共享经济模式，如网约车、共享单车等。公众可以通过手机应用程序，便捷地叫车或租借自行车，提高了出行的便利性和灵活性。第二，数字经济提供了丰富的交通信息资源，如实时交通状况、导航系统、公共交通时刻表等。人们可以通过手机应用程序获知这些信息，选择最佳的出行路线，减少交通拥堵和时间浪费。第三，数字经济推动了电子商务的发展，加快了物流和配送行业的数字化转型。通过物流信息系统和智能配送技术，可以实现更高效的货物运输和配送，减少了交通拥堵和能源消耗。第四，数字经济的发展促进了交通管理和智能交通系统的建设。通过使用大数据、人工智能和物联网技术，可以实现交通流量监测、信号控制优化、智能停车管理等，提高交通效率和安全性。第五，数字经济的兴起促进了远程办公和在线服务的普及，减少了人们的通勤需求。通过远程办公和在线会议，人们可以减少上班路上的交通时间和交通成本。

本书以2008—2021我国30个省区市的数据为样本，首先，运用构建数字经济指标评价体系，运用熵权法测算数字经济发展水平并且探究数字经济时空特征。其次，运用"自上而下"法测算交通运输碳排放并分析其时空特征，并且进一步构建面板回归模型、中介效应模型、面板门槛模型和空间杜宾模型，实证分析了数字经济对交通运输碳排放强度的影响程度和作用机制。最后，得到以下主要结论：

通过分析我国省域数字经济的时空演变特征发现，我国数字经济规模整体上呈现加速增长态势，数字经济增速连续多年超过GDP增速，持续发挥"加速器"和"稳定器"作用，是我国经济增长的主要引擎之一。从省域来看，各省域的数字经济发展水平都有一定程度的提升，其中东部地区数字经济增速最快。数字经济发展水平表现出明显的区域差异性，东西部地区数字经济差距最大。从区域内来看，东部地区数字经济发展不均衡程度最高，西部次之，中部最小。

通过分析我国省域交通运输碳排放的时空演变特征发现，我国交通运输业碳排放量呈现波动上升趋势，并且未来继续增加的可能性较高。交通运输碳排放强度呈现下降趋势，超过了向国际社会承诺的40%～45%的目标，基本扭转了二氧化碳排放快速增长的局面，有较大的减排潜力。从区域来看，东部地区交通碳排放量最大，东中西三大地区间的交通运输碳排放强度表现出收敛特征，差异逐渐缩小。从区域内来看，东部地区内各省域碳排放差异最为明显。我国交通碳排放总体差异主要是由区域间差异导致的，但是同样地区交叉重叠现象也是不容忽视的。

通过分析数字经济对交通碳排放强度影响程度和作用机制发现，数字经济能显著降低我国交通运输碳排放，且存在明显的区域异质性，其中数字经济对东中部地区交通碳排放的影响程度要大于西部地区，西部地区数字经济与交通碳减排缺乏良性互动，融合较差。通过中介效应模型可以发现数字经济可以通过促进绿色创新技术来降低交通碳排放强度。通过面板门槛模型可以看出，人均GDP对于数字经济影响交通碳排放强度存在双重门槛效应，当经济发展水平较低时，数字经济发展会增加交通碳排放强度，只有当经济发展水平高时，数字经济才能发挥其减排红利且减排效果随着人均GDP的提高而增强。

通过分析数字经济对交通运输碳排放强度的空间效应发现，数字经济与交通运输碳排放强度之间存在倒"U"型曲线关系，同时数字经济及邻近地区交通运输碳排放强度存在显著的非线性关系与空间溢出效应，随着邻近地区数字经济发展，有利于达到全区范围内数字经济发展水平的平衡以及交通运输碳排放强度的整体下降。

9.2 建议

9.2.1 抓住数字经济新机遇

9.2.1.1 把握新一轮科技革命和产业变革新机遇

数字经济作为新的经济形态，通过数字化信息编码和运算处理，赋予生产自动化、智能化，大大提高了生产力水平和生产效率。人类文明发展进步始于技术革命引发的一次次工业革命。马克思表示，资本主义生产方式解放和发展生产力关键在于机器生产引起的工业革命。从瓦特发明第一台蒸汽机引发的第一次工业革命到今天的大数据、云计算和人工智能引发的工业4.0，数字经济是经济发展的必然产物，体现了社会发展的大趋势。我们要深入实施数字经济发展战略，完善数字基础设施，加快培训新模式，推动产业数字化和数字产业化取得积极成效，让数字经济成为社会经济持续健康发展的新动力。

9.2.1.2 加强新型基础设施建设，稳步发展融合基础设施

基础设施是社会的"先行资本"，具有较强的公共属性。相较于传统的铁路、公路、通信和电力等基础设施，新型基础设施更能支撑新形势下经济社会发展的需要。新型基础设施包括以移动宽带网络、数据、算力为主的数字网络基础设施，以能源互联网为主的能源基础设施以及以工业互联网、物联网为主的融合基础设施。新型基础设施建设是赋能经济发展的重要措施，目前我国东西部、城乡间的数字基

础设施建设存在不平衡现象，要加强中西部地区以信息基础设施为主的新型数字化基础设施建设，同时辅助交通基础设施、先进材料和绿色制造基础设施，充分发挥数字经济在经济双循环中新动能作用。深度应用互联网、大数据、人工智能等技术，支撑传统基础设施转型升级。

9.2.1.3　健全数字经济市场体系，突破关键核心技术

中国在数字经济领域有先发优势和比较优势，我们应该结合自身市场优势、充分发掘国内市场潜力，加快建设数字经济市场体系。加快培养大数据市场要素，释放数字经济发展潜力。重点突破关键核心技术，弥补数字经济短板。目前我国在数字技术方面快速发展，但是数字经济"卡脖子"问题较为突出，在高端芯片等核心硬件方面与世界高端制造还有差距。我们要充分发挥社会主义制度优势，尽快突破核心关键技术，提升关键技术和产品创新和供给能力，打通中国产业循环。最终利用数字经济为产业赋能，提升数字经济运行效率。

9.2.1.4　优化数字社会环境，提升全民数字素养

提升全民数字素养和数字技能是顺应时代发展需要，是促进人全面发展的战略目标，是实现网络强国的必由之路，也是促进共同富裕的关键举措。第一，要科学有效地提供优质的数字资源，解决资源短缺和资源不平衡问题。优化完善数字资源的获取渠道。扩展网络覆盖范围，提升网络质量，加大适老化智能终端供给。有序引导高校、企业等团体发挥自身优势，开设数字技能培训网站，提供多渠道的获取数字资源。促进数字公共服务普适普惠，加快线上线下融合互补。第二，提升高品质的数字生活，更好地满足人民日益增长的美好生活需要。企业可以开展智能产品体验服务，提高全民使用智能家居能力。建设健全社区基础设施和服务设施智能化，提升智能安防、智能停车等设施的便捷性。第三，提升高效率数字工作能力，完善企业员工的技能培训体系，丰富数字素养和技术的培训内容，提升数字化生产能力。同时，企业管理人员也要建立数字化思维，提高经营管理能力。

9.2.1.5　提高数字经济治理和治理能力现代化

探索建立与数字经济发展相适宜的新型治理方式，制定灵活的政策措施。增强政府信息化治理能力，发挥对于鼓励创新、规范市场、公平竞争的支撑作用。坚持"众筹、共享、多赢"原则，积极整合政府、企业、高校、科研机构、民众等多方

力量，搭建联合治理平台。坚持监管规范和促进发展两手并重，以公平竞争促进经济高质量发展。

9.2.1.6　加快数字产业化和产业数字化转型

要推动数字经济与实体经济发展，发挥数字经济"助推器"和"稳定器"的作用，把握数字化、智能化，推动农业、制造业、服务业等产业数字化。利用数字经济为传统行业赋能，发挥其放大、叠加、倍增作用。要大力推动产业数字化转型，引导企业强化数字化思维，加快企业转型升级，优化企业生产结构。建立数字化产业服务园区，引导园区加快数字基础设施建设，推动数字经济市场化发展、形成数据、技术、资本、人才等多要素支撑数字化转型，解决企业不会转、不能转、不敢转的问题。

9.2.2　促进数字经济与交通碳减排协调发展

中国应大力提升数字经济发展与交通碳减排耦合协调的增长潜力，加快数字经济发展与交通碳减排进程，形成数字经济与交通碳减排在高水平上相互促进的可持续发展局面。政府应加大对内陆地区、经济欠发达省域发展数字经济的政策支持力度，给予政策优惠、金融资本，推动技术创新发展、吸引优秀人才。中西部地区要抓住碳达峰、碳中和的发展机遇，密切融入新一轮经济发展，抓住数字助力绿色发展的新机遇，加快科技赋能城市可持续发展。西部地区丰富自然资源是发展数字经济的重要优势，充分认识"东数西算"对经济高质量发展的赋能效应，结合地方资源要素优势，制定相应的数字经济发展政策，统筹安排各要素与碳减排协调发展。除此之外，中西部地区要大力推进大数据、云计算、人工智能、5G等新技术发展，深度挖掘优质人力资本和数字技术，充分发挥其优势，促进资源高效配置和外部监管，提升数字化发展载体质量，培育数字经济新动能，带动碳减排进程。东部地区要提高数字技术的创新应用水平，率先承担起攻克数字核心技术的重任，打造数字产业集群。要营造公平、公正、公开的竞争发展环境，完善数字经济治理体系、强化协同监管治理机制。经济发达地区要发挥示范带动作用，要形成对经济欠发达地区的金融技术支持，促进关键要素的高效流动，积极为中西部地区提高更多可复制经验。政府应协调区域间数字经济与碳减排均衡发展，打破信息技术壁垒，加强区域间数字经济发展政策与碳减排政策的协调推进。各区域应充分发挥数据要素流动的优势，鼓励区域间的政策联动，促进数字要素高效流动，加快形成统一的数字经济发展市场，做大做强数字产业，助力实现碳减排目标。

9.2.3 推动数字科技下赋能交通产业变革

随着科技的快速发展，数字交通已经成为现代交通运输行业的重要发展方向。国家交通运输部发布的《数字交通"十四五"发展规划》指出，到2025年基本建成"一脑、五网、两体系"的交通发展格局。即推进综合交通大数据中心体系建设，打造交通"数据大脑"；构建交通新型融合基础设施网络，部署5G、北斗等新型数字基础设施网络，建设一体化数字出行网络，构建多联运智慧物流网络，升级现代化信息管理网络；培育数字交通创新发展体系，构建网络安全综合防范体系。《数字交通"十四五"发展规划》旨在加强智能化交通基础设施、推广智能化交通服务、提升交通运输行业数字化水平、加强交通运输数据安全保障、加快绿色低碳交通建设、推动区域交通运输协调发展、加强国际交通运输合作交流等方面的工作，以推动交通运输行业的现代化发展。

9.2.3.1 打破传统限制，重塑智能交通治理模型

数字化治理是指政府、公共服务等利用数据和技术提高治理效率和效果，保障数字业务平稳运行。第一，数字化治理不仅要促使数字经济与交通经济效益深度融合，帮助传统交通运输行业转型升级，还要催生更多数字融合的新产业和新模式。第二，积极推动数字交通市场化进程，向市场推广应用新工艺，形成符合智能化的新时期交通运输营商环境，创新有序的竞争环境，从根本上精准提高产业内全流程、全链条的效率。第三，借助数字基础设施建设保障交通网络的便捷性、安全性，保障车联网、船联网等数字信息系数安全，明确规定新形势下的法治理念，融入环境保护法、经济法、专利保护法等多项法律法规。同时要注重政策统一性和执法的一致性，要使法治贯穿数字交通规划、建设、管理、生产、服务等全过程。第四，构建以信息共享、数据为基础的新型信息化交通综合治理机制，依赖新经济形式下产生的新生产要素，提升数字交通治理结构中对人才的重视力度。

例如，可以通过智能信号灯控制，实现信号灯的实时调整。根据路况信息和车辆流量，自动调整信号灯的绿灯时间，以最大限度地提高道路通行效率。智能信号灯还可以根据实时天气情况和光线强度进行自动调节，以提高驾驶员的行车安全性和舒适性。通过GPS定位技术和实时地图数据，可以实时追踪车辆的位置和行驶轨迹。同时，利用智能调度算法，可以对车辆进行优化调度，以实现最短时间内到

达目的地，提高车辆的运行效率和运输能力。通过部署在道路上的传感器和监控设备，可以实时监测道路上的事故和异常情况。一旦发现事故发生，可以立即启动应急响应机制，通知救援人员和医疗机构，并实时更新道路交通信息，为驾驶员提供最新的道路状况。利用智能调度技术，可以对公交车辆和地铁列车进行优化调度，以提高公共交通的运行效率和运输能力。利用智能识别技术，可以实时监测道路上的非机动车、行人的流量和行动轨迹，可以自动识别非机动车和行人的违法行为，并及时进行处罚和管理，可以提高道路的安全性和交通秩序。利用大数据和人工智能技术对数据进行深入分析，可以实时监测道路上的空气质量和污染物浓度，为政府和环保部门提供决策支持。

9.2.3.2 建设智慧交通，促进交通绿色可持续发展

第一，建立新型城镇化。首先政府应该将绿色交通体系纳入城市规划目标框架中，合理规划城市空间结构。在城镇化进行中，尤其对于西部地区，应更加注意低碳交通运输体系建设。其次政府应以产城融合为目标，规划产业与生活设施高度集中的绿色产业新城，改善目前"职住分离"的现象，缓解因通勤带来的交通拥堵和环境污染等问题。在城市规划中，要优化完善换乘体系，实现不同运输方式之间的高效衔接，避免资源浪费。

第二，健全绿色金融和绿色交通协同发展。筛选一批绿色循环低碳交通运输试点和示范项目，鼓励金融机构加大投资支持，全力推动绿色交通建设，对于回收利用交通建设所产生的废料用于生产的企业，金融机构可以以低于银行同期利率的信贷支持企业经营。绿色金融机构优先支持新能源汽车项目建设，积极支持机构和个人购买新能源汽车。发起成立绿色交通发展基金，鼓励金融机构参与基金运作以支持绿色交通项目建设。健全目标责任制和考核评价制度，增加金融创新与绿色交通发展的目标责任与制度约束。

第三，重视人才培养、促进科技成果转化。智慧交通是一个资金密集型和智力密集型产业，极度依赖优秀人才。由于我国产业发展时间较短，还未储备足够多的优秀人才。同时，高校作为人才培养主占地，在课程、师资等方面也存在较多问题，导致人才脱离市场需要。因此，要加强高校和企业、科研机构、国内外高校的交流与沟通，建立完善的智慧交通人才培养体系。另外，我国要加强国际交通运输合作交流，强化智慧交通领域理论和技术创新，完善智慧交通技术市场化，让科研成果转化为产品与服务真正造福于广大民众，让新技术创造经济价值和社会价值。

第四，推进智慧交通，促使区域协调发展。我国不同地区经济发展不均衡，对智慧交通需求也存在较大差异。在经济较发达地区，智慧交通需求较大，对高水平出行服务质量需求较旺盛。所以各地要根据自己实际情况和市场需要推进智慧交通建设。国家可以把智慧交通旺盛的城市作为试点，基于资金和政策支持，发展车辆控制安全系统、物流管理系统等智慧交通项目，并且逐步推广。推动区域交通运输协调发展，通过数字化技术实现不同区域之间的信息共享和协同管理，解决区域之间发展不协调的问题。

综上所述，要将数字经济与交通运输相融合，推动交通运输行业现代化发展。加强智能化交通基础设施建设，推广智能化交通服务，提升交通运输行业数字化水平，加强交通运输数据安全保障，加快绿色低碳交通建设，推动区域交通运输协调发展，加强国际交通运输合作交流等。数字化技术的广泛应用，将为交通运输行业的可持续发展和我国经济的繁荣做出更大的贡献。

参考文献

[1] 吴玉. 联合国报告称气候变化影响"前所未有"[J]. 自然杂志，2021，43（5）：342，373.

[2] IEA. CO_2 Emissions in 2023[R/OL]. https://www.iea.org/reports/co2-emissions-in-2023.

[3] 习近平，在第七十五届联合国大会一般性辩论上的讲话[A/OL].（2020-09-22）. https://www.gov.cn/gongbao/content/2020/content_5549875.htm.

[4]《中国交通的可持续发展》白皮书发布[J]. 水道港口，2020，41（6）：743.

[5] 杨梓. 交通领域怎么降碳？[N]. 中国能源报，2023-04-24（010）.

[6] 国务院印发《"十四五"数字经济发展规划》[J]. 新理财，2022（Z1）：8-11.

[7] "四化"协同，数字经济发展新阶段[J]. 信息化建设，2020（7）：39-41.

[8] 朱秀梅，林晓玥，王天东，等. 数据价值化：研究评述与展望[J]. 外国经济与管理，2023，45（12）：3-17.

[9] 樊雅文. 英国低碳经济政策的实施及对中国的启示[D]. 长春：吉林财经大学，2019.

[10] GROSSMAN G M，KRUEGER A B. Environmental impacts of a North American Free Trade Agreement [R]. National Bureau of Economic Research Working Paper 3914，NBER，Cambridge MA，1991，8（2）：223-250.

[11] 张楠，张保留，吕连宏，等. 碳达峰国家达峰特征与启示[J]. 中国环境科学，2022，42（4）：1912-1921.

[12] EHRLICH P R，HOLDREN J P. Impact of population growth[J]. Science，1971，171（3977）：1212-1217.

[13] YORK R P，ROSA E A，DIETZ T. STIRPAT，IPAT and ImPACT：analytic tools for unpacking the driving forces of environmental impacts[J]. Ecological Economics，2003，46（3）：351-365.

[14] 庄颖，夏斌. 广东省交通碳排放核算及影响因素分析[J]. 环境科学研究，2017，30（7）：1154-1162.

[15] 卢升荣. 长江经济带交通运输业全要素碳排放效率研究 [D]. 武汉：武汉理工大学，2018.

[16] 闫紫薇.中国交通碳排放的测算及其影响因素的空间计量分析[D].北京：北京交通大学，2018.

[17] HE K，HUO H，ZHANG Q，et al. Oil consumption and CO_2, emissions in China's road transport：current status，future trends，and policy implications[J]. Energy Policy，2005，33（12）：1499-1507.

[18] 王晨妍.陕西省公路运输绿色全要素生产率分析研究[D].西安：长安大学，2021.

[19] 陈露露，赵小风，赖力.江苏省交通运输业碳排放预测及减排情景分析研究[J].环境科学与管理，2015，40（10）：13-17.

[20] 张秀媛，杨新苗，闫琰.城市交通能耗和碳排放统计测算方法研究[J].中国软科学，2014（6）：142-150.

[21] 袁长伟，张帅，焦萍，等.中国省域交通运输全要素碳排放效率时空变化及影响因素研究[J].资源科学，2017，39（4）：687-697.

[22] 张诗青，王建伟，郑文龙.中国交通运输碳排放及影响因素时空差异分析[J].环境科学学报，2017，37（12）：4787-4797.

[23] 杨绍华，张宇泉，耿涌.基于LMDI的长江经济带交通碳排放变化分析[J].中国环境科学，2022，42（10）：4817-4826.

[24] DARIDO G，TORRES-MONTOYA M，MEHNDIRATTA S. Urban transport and CO_2 emissions：some evidence from Chinese cities[J]. Wiley Interdisciplinary Reviews Energy & Environment，2014，3（2）：122-155.

[25] 高标，许清涛，李玉波，等.吉林省交通运输能源消费碳排放测算与驱动因子分析[J].经济地理，2013，33（9）：25-30.

[26] ANG B W，ZHANG F Q. A Survey of index decomposition analysis in energy and environmental studies[J]. Energy，2000，25（12）：1149-1176.

[27] 喻洁，达亚彬，欧阳斌.基于LMDI分解方法的中国交通运输行业碳排放变化分析[J].中国公路学报，2015，28（10）：112-119.

[28] 张国兴，苏钊贤.黄河流域交通运输碳排放的影响因素分解与情景预测[J].管理评论，2020，32（12）：283-294.

[29] 赵成柏，毛春梅.基于ARIMA和BP神经网络组合模型的我国碳排放强度预测[J].长江流域资源与环境，2012，21（6）：665-671.

[30] ZHANG Y，WAN L J，ZHANG L，et al. Forecast of energy consumption and

carbon emission of urban traffic by using system dynamics[J]. Advanced Materials Research, 2014, 3326: 989-994.

[31] 姜洪殿, 董康银, 孙仁金, 等. 中国新能源消费预测及对策研究[J]. 可再生能源, 2016, 34(8): 1196-1202.

[32] 栾紫清. 基于灰色关联与预测模型分析陕西省交通运输碳排放[J]. 汽车实用技术, 2019(3): 121-122.

[33] 罗曼, 余彬, 翁利国, 等. 基于组合预测模型的萧山碳排放预测[J]. 节能, 2022, 41(4): 75-80.

[34] 刘淳森, 曲建升, 葛钰洁, 等. 基于LSTM模型的中国交通运输业碳排放预测[J]. 中国环境科学, 2023, 43(5): 2574-2582.

[35] EMAMI JAVANMARD M, TANG Y, WANG Z, et al. Forecast energy demand, CO_2 emissions and energy resource impacts for the transportation sector[J]. Applied Energy, 2023, 338(15).

[36] 康铁祥. 数字经济及其核算研究[J]. 统计与决策, 2008(5): 19-21.

[37] JORGENSON D W, STIROH K J. Information technology and growth[J]. American Economic Review, 1999, 89(2): 109-115.

[38] 彭刚, 赵乐新. 中国数字经济总量测算问题研究: 兼论数字经济与我国经济增长动能转换[J]. 统计学报, 2020, 1(3): 1-13.

[39] 蔡跃洲, 牛新星. 中国数字经济增加值规模测算及结构分析[J]. 中国社会科学, 2021(11): 4-30, 204.

[40] 韩兆安, 赵景峰, 吴海珍. 中国省际数字经济规模测算、非均衡性与地区差异研究[J]. 数量经济技术经济研究, 2021, 38(8): 164-181.

[41] 鲜祖德, 王天琪. 中国数字经济核心产业规模测算与预测[J]. 统计研究, 2022, 39(1): 4-14.

[42] 张雪玲, 陈芳. 中国数字经济发展质量及其影响因素研究[J]. 生产力研究, 2018(6): 67-71.

[43] 金环, 于立宏. 数字经济、城市创新与区域收敛[J]. 南方经济, 2021(12): 21-36.

[44] 胡歆韵, 杨继瑞, 郭鹏飞. 数字经济与全要素生产率测算及其空间关联检验[J]. 统计与决策, 2022, 38(4): 10-14.

[45] 谢云飞. 数字经济对区域碳排放强度的影响效应及作用机制[J]. 当代经济管理, 2022, 44(2): 68-78.

[46] 刘军，杨渊鋆，张三峰. 中国数字经济测度与驱动因素研究 [J]. 上海经济研究，2020（6）：81-96.

[47] BOWMAN J P. The digital economy: promise and peril in the age of networked intelligence[J]. Computer Science, Business Economics, 1996, 10: 69-71.

[48] MOULTON B R. GDP and the digital economy: keeping up with the changes[M]// understanding the digital economy: data, tools, and research. Cambridge: MIT Press, 2000: 34-48.

[49] KLING R, LAMB R. IT and organizational change in digital economies: a socio-technical approach[J]. Compater Science On-line Conference, 1999, 29: 17-25.

[50] BUKHT R, HEEKS R. Defining, conceptualising and measuring the digital economy[J]. International Organisation Research Journal, 2018, 13: 143-172.

[51] YANG X, WU H, REN S, et al. Does the development of the internet contribute to air pollution control in China? Mecha-nism discussion and empirical test[J]. Structural Change and Economic Dynamics, 2021, 56: 207-224.

[52] 邓荣荣，张翱祥. 中国城市数字金融发展对碳排放绩效的影响及机理 [J]. 资源科学，2021，43（11）：2316-2330.

[53] 蒋金荷. 可持续数字时代：数字经济与绿色经济高质量融合发展 [J]. 企业经济，2021，40（7）：23-30，161.

[54] ZHONG K, FU H, LI T. Can the digital economy facilitate carbon emissions decoupling? An empirical study based on provincial data in China[J]. International Journal of Environmental Research and Public Health, 2022, 19（11）: 6800.

[55] 佘群芝，吴柳，郑洁. 数字经济、经济聚集与碳排放 [J]. 统计与决策，2022，38（21）：5-10.

[56] WANG L, SUN Y, XV D. Study on the spatial characteristics of the digital economy on urban carbon emissions[J]. Environmental Science and Pollution Research, 2023, 30（33）: 80261-80278.

[57] 王维国，王永玲，范丹. 数字经济促进碳减排的效应及机制 [J]. 中国环境科学，2023，43（8）：4437-4448.

[58] 董瑞媛，周晓唯. 数字经济与碳排放的脱钩水平及其空间关联网络特征 [J]. 统计与决策，2023（18）：129-133.

[59] LIU L Y, WANG G L, SONG K Y. Exploring the role of digital inclusive finance

in agricultural carbon emissions reduction in China: Insights from a two-way fixed-effects model [J]. Frontiers in Environmental Economics, 2022(10).

[60] CHANG J. The role of digital finance in reducing agricultural carbon emissions: evidence from China's provincial panel data[J]. Environmental science and Pollution Research, 2022, 29(58): 87730-87745.

[61] 王山, 余东华. 数字经济的降碳效应与作用路径研究: 基于中国制造业碳排放效率的经验考察[J]. 科学学研究, 2024, 42(2): 310-321.

[62] 关会娟, 许宪春, 张美慧, 等. 中国数字经济产业统计分类问题研究[J]. 统计研究, 2020, 37(12): 3-16.

[63] 高培培. 数字经济与实体经济融合协调发展水平统计测度[J]. 统计与决策, 2024(5): 28-32.

[64] DAGUM C. A new approach to the decomposition of the Gini income inequality ratio [J]. Empirical Economics, 1997, 22(12): 515-531.

[65] 曾晓莹, 邱荣祖, 林丹婷, 等. 中国交通碳排放及影响因素时空异质性[J]. 中国环境科学, 2020, 40(10): 4304-4313.

[66] TAPIO P. Towards a theory of decoupling: degrees of decoupling in the EU and the case of road traffic in Finland between 1970 and 2001 [J].Transport Policy, 2005, 12(2): 137-151.

[67] 江元, 徐林. 数字经济、能源效率和碳排放: 基于省级面板数据的实证[J]. 统计与决策, 2023, 39(21): 58-63.

[68] 谢文倩, 高康, 余家凤. 数字经济、产业结构升级与碳排放[J]. 统计与决策, 2022, 38(17): 114-118.

[69] 焦萍, 张帅. 数字化对交通运输碳排放强度的影响: 基于省际面板数据的实证考察[J]. 华东经济管理, 2023, 37(1): 15-23.

[70] 杜欣. 数字经济促进碳减排的机制与效应: 基于绿色技术进步视角的经验考察[J]. 科技进步与对策, 2023, 40(19): 22-32.

[71] 张传兵, 居来提·色依提. 数字经济、碳排放强度与绿色经济转型[J]. 统计与决策, 2023, 39(10): 90-94.

[72] 柴建, 邢丽敏, 卢全莹, 等. 中国交通能耗核心影响因素提取及预测[J]. 管理评论, 2018, 30(3): 201-214.

[73] 薛洁, 胡苏婷. 中国数字经济内部耦合协调机制及其水平研究[J]. 调研世界,

2020（9）：11-18

[74] 周子怡. 数字经济赋能我国制造业高质量发展路径研究：以长三角地区为例 [J].
中国商论，2023（16）：63-66.

[75] 徐辉，肖祥鹏. 数字经济与农业现代化耦合协调时空演化研究 [J]. 生态经济，
2023（8）：1-20.

[76] 杨孟阳，唐晓彬. 数字金融与经济高质量发展的耦合协调度评价 [J]. 统计与
决策，2023，39（3）：126-130.

[77] 张雷，黄园淅，李艳梅，等. 中国碳排放区域格局变化与减排途径分析 [J]. 资源
科学，2010，32（2）：211-217.

[78] 干春晖，郑若谷，余典范. 中国产业结构变迁对经济增长和波动的影响 [J]. 经济
研究，2011，46（5）：4-16，31.

[79] 温忠麟，侯杰泰，张雷. 调节效应与中介效应的比较和应用 [J]. 心理学报，2005
（2）：268-274.

[80] AIKEN L S，WEST S G. Multiple regression：Testing and interpreting
interactions[M]. Newbury Park, CA：Sage, 1991.

[81] 温忠麟，张雷，侯杰泰，等. 中介效应检验程序及其应用 [J]. 心理学报，2004
（5）：614-620.

[82] 吕勇斌，张琳，王正. 中国农村金融发展的区域差异性分析 [J]. 统计与决策，
2012（19）：111-115.

[83] BERRY B，MARBLE D. Spatial analysis：a Reader in statistical geography[M].
Cambridge：Cambridge University Press，1968.

[84] ORD J K. Estimation methods for models of spatial interaction[J]. Journal of the
American Statistical Association，1975，70：120-126.

[85] MARTIN R. On spatial dependence，bias and the use of first spatial differencing in
regression analysis[J]. Area，1974，6：185-194.

[86] CLIFF A，ORD J K. Testing for spatial autocorrelation among regression residuals[J].
Geographical Analysis，1972，4：267-284.

[87] HEPPLE L. Bayesian analysis of the linear model with spatial dependence[M]//
Bartels C，KETELLAPPER R. Exploratory and explanatory statistical analysis of
spatial data. Boston：Martinus Mjhoff，1979.

[88] HAINING R. The moving average model for spatial interaction[J]. Transactions of

the Institute of British Geographers, 1978, 3: 202-225.

[89] PAELINCK J H P, KLAASSEN L H. Spatial econometrics[M]. Saxon House Farnborough, 1979.

[90] ANSELIN L. Spatial econometrics: methods and Models[M]. Dordrecht: Kluwer Academic Publishers, 1988.

[91] 郭鸿鹏, 刘爱茹, 徐爽, 等. 中国对RCEP其他成员国农产品出口贸易的影响因素研究[J]. 中国商论, 2023(21): 72-80.

[92] LESAGE J, PACE R K. Introduction to spatial econometrics[M]. US: CRC Press Taylor & Francis Group, 2009.

[93] HANSEN B E. Threshold effects in non-Dy namic panels: estimation, testing, and inference [J]. Journal of Econometrics, 1999, 93(2).

[94] 高洁. 交通运输碳排放时空特征及演变机理研究[D]. 西安: 长安大学, 2013.

[95] SALAHUDDIN M, ALAM K. Internet usage, electricity consumption and economic growth in Australia: A time series evidence[J]. Telematics and Informatics, 2015, 32(4): 862-878.

[96] 张坤民. 低碳世界中的中国: 地位、挑战与战略[J]. 中国人口·资源与环境, 2008(3): 1-7.

[97] PAELINCK J, KLAASSEN L. Spatial econometrics[M]. London: Pion, 1979.

[98] ANSELIN L. Spatial econometrics: methods and models[M]. Dorddrecht: Kluwer Academic Publishers, 1988.

[99] 商勇, 丁咏梅. 最优组合预测方法评析[J]. 统计与决策, 2005(17): 122-123.

[100] YU H, FOTHERINGHAM A S, LI Z, et al. Inference in multiscale geographically weighted regression[J]. Geographical Analysis, 2019, 52(1): 87-106.

[101] 杨文越, 曹小曙. 多尺度交通出行碳排放影响因素研究进展[J]. 地理科学进展, 2019, 38(11): 1814-1828.

[102] 高金贺, 黄伟玲, 蒋浩鹏. 城市交通碳排放预测的多模型对比分析[J]. 重庆交通大学学报(自然科学版), 2020, 39(7): 33-39.

[103] 高莹. 天津市交通碳排放核算及影响因素分析[J]. 再生资源与循环经济, 2019, 12(6): 18-21.

[104] 蒋文韬, 吴兵. 道路交通碳排放测算方法研究综述[J]. 综合运输, 2023, 45(3): 93-97.

[105] 吴子豪，刘耀林，冯向阳，等.基于多尺度地理加权回归的土壤镉污染局部影响因子分析[J].地球信息科学学报，2023，25（3）：573-587.

[106] 高佳宁，孟维伟，郭丽苹.道路交通碳排放影响因素研究[J].中国市政工程，2023（1）：7-9，88.

[107] WANG T，ZHANG K，LIU K L，et al. Spatial heterogeneity and scale effects of transportation carbon emission-influencing factors—an empirical analysis based on 286 cities in China[J]. International Journal of Environmental Research and Public Health，2023，20（3）.

[108] 沙爱敏，陈婷，吕凡任，等.基于组合预测模型的交通碳排放量预测研究[J].节能，2023，42（1）：72-75.

[109] HUA J F，GAO J L，CHEN K，et al. Driving effect of decoupling provincial industrial economic growth and industrial carbon emissions in China[J]. International Journal of Environmental Research and Public Health，2023，20（1）.

[110] ZHOU Z J，LIU Y L，DU J J. Analysis on the constraint mechanism of transportation carbon emissions in the Pearl River Delta based on "Dual carbon" goals[J]. Systems Science & Control Engineering，2022，10（1）.

[111] 陈蕾羽.长江上游地区交通碳排放时空演化研究[J].环境科学与管理，2022，47（12）：35-39.

[112] WANG H H，SHI W Y，XUE H Y，et al. Performance evaluation of fee-charging policies to reduce the carbon emissions of urban transportation in China[J]. Atmosphere，2022，13（12）.

[113] YUAN R J，ZHAO L Q. Analyze the impact mechanism of urban planning on traffic carbon emissions based on big data[J]. Journal of Civil Engineering and Urban Planning，2022，4（4）.

[114] YANG G X，JIA L. Estimation of carbon emissions from tourism transport and analysis of its influencing factors in dunhuang[J]. Sustainability，2022，14（21）.

[115] 张琦，曹蔚宁，延书宁.旅游发展对城乡收入差距影响的空间异质性：基于多尺度地理加权回归模型（MGWR）[J].中国地质大学学报（社会科学版），2022，22（5）：112-123.

[116] 蒋自然，金环环，王成金，等.长江经济带交通碳排放测度及其效率格局（1985—2016年）[J].环境科学，2020，41（6）：2972-2980.

[117] 高金贺，黄伟玲，蒋浩鹏.城市交通碳排放预测的多模型对比分析[J].重庆交通大学学报（自然科学版），2020，39（7）：33-39.

[118] 卞利花，吉敏全.青海交通碳排放影响因素及预测研究[J].生态经济，2019，35（2）：35-39.

[119] 李颖.安徽省旅游交通碳排放测算及影响因素分析[J].中国环境管理干部学院学报，2018，28（1）：50-53，70.

[120] 刘伟，毛显强，李巍，等.黄河流域城市群工业增长与碳排放脱钩关系研究[J].环境工程技术学报，2023，13（2）：849-856.

[121] 初丽霞，黄梦瑶.山东省碳排放脱钩效应及影响因素研究：基于Tapio脱钩指数和LMDI模型分析[J].环境科学与管理，2022，47（9）：20-25.

[122] 赵敏，张卫国，俞立中.上海市居民出行方式与城市交通CO_2排放及减排对策[J].环境科学研究，2009，22（6）：747-752.

[123] 陈飞，诸大建，许琨.城市低碳交通发展模型、现状问题及目标策略：以上海市实证分析为例[J].城市规划学刊，2009（6）：40-46.

[124] 卢建锋，傅惠，王小霞.区域交通运输业碳排放效率影响因素研究[J].交通运输系统工程与信息，2016，16（2）：25-30.

[125] ZHANG J，ZENG W，WANG J，et al. Regional low-carbon economy efficiency in China：analysis based on the Super-SBM model with CO_2 emissions[J]. Journal of Cleaner Production，2017，163（10）：202-211.

[126] 徐雅楠，杜志平.我国交通运输业的碳排放测度及因素分解[J].物流技术，2011，30（6）：16-18.

[127] 魏庆琦，赵嵩正，肖伟.中国交通运输结构对交通运输能源强度冲击的计量分析[J].统计与决策，2014（4）：117-119.

[128] 闫树熙，陈璐.交通碳排放影响因素分析：以西安市为例[J].统计与决策，2020，36（4）：62-66.

[129] 杨文越，曹小曙.多尺度交通出行碳排放影响因素研究进展[J].地理科学进展，2019，38（11）：1814-1828.

[130] 杨静.低碳经济的理论基础及其经济学价值[J].时代经贸，2019（5）：100-101.

[131] 董静，黄卫平.西方低碳经济理论的考察与反思：基于马克思生态思想视角[J].当代经济研究，2018（2）：37-45，97.

[132] 张佳萱.低碳经济的理论基础及其经济学价值[J].商场现代化，2017（7）：249-250.

[133] 宋震，丛林. 中国交通运输业能源效率及其影响因素研究[J]. 交通运输系统工程与信息，2016，16（1）：19-25.

[134] 孙培蕾，武婷婷. 数字经济与制造业高质量发展的静动态耦合协调研究：以京津冀地区为例[J]. 上海节能，2023（8）：1060-1070.

[135] 周子怡. 数字经济赋能我国制造业高质量发展路径研究：以长三角地区为例[J]. 中国商论，2023（16）：63-66.

[136] 黄敦平，朱小雨. 我国数字经济发展水平综合评价及时空演变[J]. 统计与决策，2022，38（16）：103-107.

[137] LI X G, LV T, ZHAN J, et al. Carbon emission measurement of urban green passenger transport：a case study of qingdao[J]. Sustainability，2022，14（15）：9588.

[138] 顾典. 中国交通运输业碳排放区域关联分析[J]. 上海海事大学学报，2023，44（3）：64-70.

[139] 刘慧甜，胡大伟. 基于机器学习的交通碳排放预测模型构建与分析[J]. 环境科学，2023（9）：1-17.

[140] 孙彦明，刘士显. "双碳"目标下中国交通运输碳排放达峰预测[J]. 生态经济，2023（12）：1-17.

[141] 白娟. 陕西省交通运输碳排放影响因素分析[J]. 中国公路，2023（15）：22-24.

[142] 田佩宁，毛保华，童瑞咏，等. 我国交通运输行业及不同运输方式的碳排放水平和强度分析[J]. 气候变化研究进展，2023，19（3）：347-356.

[143] 罗斌，敬亭婷，陈兰，等. 低碳交通实施路径思考：以成都为例[C]// 中国科学技术协会、交通运输部、中国工程院、湖北省人民政府.2022世界交通运输大会（WTC2022）论文集（运输规划与交叉学科篇）.北京：人民交通出版社，2022：958-965.

[144] 张翠婷，李孟芃. 交通运输应对气候变化的国际经验与启示[C]// 中国科学技术协会、交通运输部、中国工程院、湖北省人民政府. 2022世界交通运输大会（WTC2022）论文集（运输规划与交叉学科篇）.北京：人民交通出版社，2022：966-968.

[145] 关戈. 国外交通运输绿色低碳发展的经验启示[J]. 北方交通，2022（7）：88-91.

[146] 李政，孔玲. 我国交通运输业低碳发展策略探讨[J]. 综合运输，2022，44（7）：43-46.

[147] 张瑾，袁继婷，宇丰军. 运输效率的提高是否降低了交通运输业的碳排放？：基于省际面板数据的实证研究[J]. 生态经济，2021，37（11）：18-24.

[148] 杜金柱，扈文秀. 数字经济发展对企业创新持续性的影响[J]. 统计与决策，2023，39（3）：21-26.

[149] 张姝，王雪标. 数字经济对产业结构升级影响的实证检验[J]. 统计与决策，2023，39（3）：15-20.

[150] 李蕾. 黄河流域数字经济发展水平评价及耦合协调分析[J]. 统计与决策，2022，38（9）：26-30.

[151] 郭海明，许梅，王彤. 数字经济核算研究综述[J]. 统计与决策，2022，38（9）：5-10.

[152] 王玥芸. 中国数字经济核算：基于GDP和生产率视角的检验[J]. 统计与决策，2022，38（6）：110-113.

[153] 张建斌，陈巧丽. 区域综合交通运输效率差异时空演化及影响因素分析[J]. 贵州大学学报（社会科学版），2019，37（6）：34-42.

[154] 刘英恒太，杨丽娜，刘凤. 我国数字经济发展的结构分解、经济联系与产业融合[J]. 统计与决策，2022，38（6）：114-118.

[155] 傅智宏，杨先明，宋尧. 中国区域数字经济分类规模、时空分异与驱动特征[J]. 统计与决策，2022，38（4）：5-9.

[156] 陈亮，孔晴. 中国数字经济规模的统计测度[J]. 统计与决策，2021，37（17）：5-9.

[157] CUI Q，KUANG H B，WU C Y. Influencing factors identification of transportation carbon emission based on Gray Entropy DEMATEL[J]. Journal of Convergence Information Technology，2013，8（3）.

[158] ZHANG Y K，BAI J H，CHEN L. Research on multi-dimensional mobile monitoring system of urban transportation carbon emissions[P]. Lanzhou Longneng Electric Power Science and Technology（China），2022.

[159] LU H Z，GAO Q J，LI M C. Does economic policy uncertainty outperform macroeconomic factor and financial market uncertainty in forecasting carbon emission price volatility? Evidence from China[J]. Applied Economics，2023，55（54）.

[160] WANG H J，LI L C Z，SUN J X，et al. Carbon emissions abatement with duopoly

generators and eco-conscious consumers：Carbon tax vs carbon allowance[J]. Economic Analysis and Policy，2023，80.

[161] 张杰，王晓晶. 生态文明建设对城市碳排放的影响：基于生态文明先行示范区的准自然实验[J]. 生态经济，2024（5）：1-16.

[162] 吕洁华，杨廷瑜. 基于"脱碳"视角的中国省际低碳效率时空分异研究[J]. 生态经济，2023（8）：1-20.

[163] 李建豹，揣小伟，周艳. 江苏省县域碳排放时空演化及影响因素分析[J]. 生态经济，2023，39（7）：36-44.

[164] 吕雁琴，达振华，杨洋，等. "双碳"背景下碳税设计及对碳排放和宏观经济的影响[J]. 生态经济，2023，39（6）：25-31，38.

[165] 孙景兵，顾振洋. 碳排放权交易机制会倒逼产业结构转型升级吗？：基于制造业和生产性服务业协同集聚的视角[J]. 生态经济，2023，39（5）：59-68.

[166] EDWARD P，REN G，HIROSHI H，et al. Novel approaches to estimation methodologies to reduce carbon emission on climate change[J]. Abstracts of Papers of the American Chemical Society，2016，251.

[167] MENESES V，LEAL V S，SCOTTI A. Influence of metal transfer stability and shielding gas composition on CO and CO_2 emissions during Short-circuiting MIG/MAG Welding[J]. Soldagem & Inspeção，2016，21（3）：253-268.

[168] SANGUK S，EUNJUNG C，HYUNCHEOL J，et al. Study on evaluation of carbon emission and sequestration in pear orchard[J]. Korean Journal of Environmental Biology，2016，34（4）.

[169] 邢怀振，苏群. 数字经济发展水平对城乡收入差距的影响研究[J]. 统计与决策，2023，39（18）：78-82.

[170] 郭贝贝. 数字经济驱动经济高质量发展的影响效应与时空差异[J]. 统计与决策，2023，39（17）：95-100.

[171] 熊金武，侯冠宇. 数字经济赋能共同富裕：基于动态QCA方法的省域实证[J]. 统计与决策，2023，39（17）：22-27.

[172] 郑思伟，李佳，鲁丰乐，等. 可再生能源禀赋约束下城市实现"碳达峰"的研究[J]. 环境科学与管理，2021，46（10）：15-19.

[173] 夏苹，马远. 基于技术进步的碳排放回弹效应：以中国交通运输业为例[J]. 赤峰学院学报（自然科学版），2021，37（9）：79-85.

[174] 尚玲宇. 运输结构对交通碳排放的影响研究 [D]. 北京：北京交通大学，2020.

[175] 高艳. 交通运输效率与交通碳排放强度关系研究 [D]. 重庆：重庆大学，2020.

[176] 韩佳晖，曹孙喆，王菲，等. 发挥铁路货运低碳效应的思考 [J]. 铁路节能环保与安全卫生，2019，9（6）：22-25.

[177] OPP B，ROSENTRATER K A. Developing a software tool to estimate food transportation carbon emissions[J]. Journal of Food Research，2020，9（4）.

[178] BAI C Q，ZHOU L，XIA M L，et al. Analysis of the spatial association network structure of China's transportation carbon emissions and its driving factors[J]. Journal of Environmental Management，2020，253（C）.

[179] DING J X，JIN F J，LI Y J，et al. Analysis of transportation carbon emissions and its potential for reduction in China[J]. Chinese Journal of Population Resources and Environment，2013，11（1）.

[180] 左丁戈. 数字经济发展促进我国产业结构升级的机理与路径 [J]. 商场现代化，2023（6）：135-137.

[181] 高京平，孙丽娜. 数字经济发展促进我国产业结构升级的机理与路径 [J]. 企业经济，2022，41（2）：17-25.

[182] 孙丽文，李翼凡，任相伟. 产业结构升级、技术创新与碳排放：一个有调节的中介模型 [J]. 技术经济，2020，39（6）：1-9.

附　录

附录1　2008—2021年30个省域数字经济发展水平计算结果

附表1-1　2008—2014年30个省域数字经济发展水平计算结果

区域	省域	年份						
		2008	2009	2010	2011	2012	2013	2014
东部地区	北京	*0.317 8*	*0.311 3*	*0.313 1*	*0.313 9*	*0.346 4*	*0.353 1*	*0.372 3*
	福建	0.115 7	0.089 1	*0.103 4*	0.089 0	0.107 6	0.110 1	*0.122 5*
	广东	*0.242 7*	*0.127 9*	0.133 6	*0.129 5*	*0.160 1*	*0.160 9*	0.165 0
	海南	0.108 9	*0.115 6*	*0.119 5*	0.098 0	0.106 5	0.110 2	0.115 1
	河北	0.101 6	0.061 7	0.061 9	0.051 8	*0.200 8*	0.074 9	0.074 2
	江苏	*0.146 3*	0.106 2	0.128 2	0.138 1	0.178 9	0.196 4	0.186 3
	辽宁	0.131 4	*0.104 4*	0.113 8	0.124 7	*0.239 0*	0.164 7	*0.170 2*
	山东	0.136 1	0.075 5	0.087 6	0.087 5	0.105 8	*0.123 4*	*0.139 8*
	上海	*0.170 0*	*0.170 6*	*0.171 1*	*0.162 5*	*0.188 4*	*0.205 7*	*0.208 9*
	天津	*0.201 4*	*0.197 4*	0.188 6	0.193 2	0.214 6	0.225 2	0.227 9
	浙江	*0.142 8*	*0.113 0*	0.122 4	0.114 9	*0.149 3*	*0.165 3*	*0.169 9*
	平均值	*0.165 0*	*0.133 9*	*0.140 3*	*0.136 7*	*0.181 6*	*0.171 8*	*0.177 5*
中部地区	安徽	0.084 5	0.052 6	0.069 4	0.052 7	0.069 3	0.076 3	0.081 3
	河南	0.129 8	0.053 7	0.058 4	0.044 5	0.059 3	0.066 3	0.070 2
	黑龙江	0.138 5	0.078 9	0.068 3	0.067 2	0.078 9	0.082 5	0.087 9
	湖北	0.132 4	0.075 8	0.078 4	0.064 3	0.080 7	0.089 8	0.098 5
	湖南	*0.141 3*	0.066 3	0.072 4	0.058 5	0.071 6	0.071 0	0.078 6
	吉林	0.122 8	0.096 1	0.093 4	0.081 4	0.088 5	0.095 1	0.101 5
	江西	0.089 2	0.059 5	0.062 1	0.042 2	0.054 9	0.058 8	0.064 6
	山西	0.106 8	0.071 2	0.064 6	0.058 9	*0.178 4*	0.079 5	0.076 2
	平均值	0.118 2	0.069 3	0.070 9	0.058 7	0.085 2	0.077 4	0.082 3
西部地区	甘肃	0.128 6	0.071 2	0.074 2	*0.167 6*	0.067 4	0.072 2	0.071 8
	广西	*0.141 1*	0.063 3	0.067 2	0.045 5	0.059 7	0.066 1	0.066 8
	贵州	0.127 0	0.065 4	0.070 5	*0.188 5*	0.054 7	0.059 4	0.061 4
	内蒙古	0.128 8	0.069 9	0.069 1	0.065 5	*0.302 3*	0.083 1	0.081 1
	宁夏	0.122 5	*0.129 7*	*0.135 4*	*0.159 7*	*0.130 1*	*0.139 1*	*0.142 3*
	青海	*0.156 6*	*0.101 2*	*0.107 1*	*0.203 2*	0.100 7	0.099 9	0.103 7
	陕西	*0.151 4*	*0.097 9*	*0.102 7*	*0.203 7*	0.107 2	0.114 7	*0.120 5*

续　表

区域	省域	年份						
		2008	2009	2010	2011	2012	2013	2014
西部地区	四川	*0.209 8*	0.088 2	0.089 8	*0.292 5*	0.095 8	0.106 5	0.118 5
	新疆	0.064 8	0.065 9	0.071 0	*0.207 9*	0.064 3	0.065 8	0.065 5
	云南	0.133 7	0.058 1	0.061 2	*0.203 5*	0.051 1	0.055 9	0.054 7
	重庆	0.095 9	0.077 6	0.091 0	0.073 6	0.085 7	0.092 4	0.101 1
	平均值	0.132 7	0.080 7	0.085 4	*0.164 6*	0.101 7	0.086 8	0.089 8
全年平均值		0.140 7	0.097 2	0.101 6	0.126 1	0.126 6	0.115 5	0.119 9

注：斜体加粗数值为当年该省域数字经济发展水平高于全年数字经济发展水平平均值。

附表 1-2　2015—2021 年 30 个省域数字经济发展水平计算结果

区域	省域	年份						
		2015	2016	2017	2018	2019	2020	2021
东部地区	北京	*0.392 1*	*0.374 6*	*0.390 6*	*0.439 4*	*0.448 0*	*0.510 5*	*0.522 5*
	福建	*0.139 8*	*0.151 8*	*0.176 3*	*0.177 4*	0.185 3	0.198 8	0.171 3
	广东	*0.182 1*	*0.203 6*	*0.257 2*	*0.263 2*	*0.282 6*	*0.306 5*	*0.278 5*
	海南	0.118 8	0.115 5	0.130 8	0.154 2	0.181 1	0.206 2	0.149 3
	河北	0.086 0	0.092 4	0.103 1	0.132 5	0.150 6	0.167 3	0.141 3
	江苏	*0.196 5*	*0.215 5*	*0.226 4*	*0.251 2*	*0.262 2*	*0.285 3*	*0.273 8*
	辽宁	*0.177 6*	*0.162 4*	*0.170 6*	*0.187 4*	0.187 7	0.205 9	*0.181 0*
	山东	*0.155 7*	*0.163 2*	*0.204 1*	*0.189 0*	0.206 7	*0.221 3*	*0.215 0*
	上海	*0.223 8*	*0.217 8*	*0.233 3*	*0.254 1*	*0.284 5*	*0.323 5*	*0.319 6*
	天津	*0.239 8*	*0.254 3*	*0.242 2*	*0.277 2*	*0.283 9*	*0.321 6*	*0.298 5*
	浙江	*0.201 3*	*0.205 9*	*0.237 1*	*0.246 0*	*0.262 0*	*0.285 5*	*0.254 8*
	平均值	*0.192 1*	*0.196 1*	*0.215 6*	*0.233 8*	*0.248 6*	*0.275 7*	*0.255 1*
中部地区	安徽	0.099 7	0.106 9	0.143 8	0.138 3	0.150 2	0.169 3	0.154 4
	河南	0.084 6	0.094 4	0.127 3	0.125 1	0.140 3	0.162 2	0.143 6
	黑龙江	0.094 8	0.094 8	0.102 2	0.129 1	0.133 0	0.143 6	0.125 0
	湖北	0.113 0	0.119 5	0.148 9	0.143 0	0.161 9	0.179 2	0.155 5
	湖南	0.084 4	0.088 3	0.130 9	0.114 7	0.135 7	0.154 6	0.116 8
	吉林	0.111 5	0.109 0	0.118 4	0.147 5	0.161 9	0.171 1	0.149 5
	江西	0.077 5	0.082 3	0.108 9	0.109 1	0.134 0	0.150 4	0.127 9
	山西	0.080 5	0.077 2	0.083 5	0.109 5	0.125 7	0.142 2	0.107 0
	平均值	0.093 2	0.096 5	0.120 5	0.127 0	0.142 8	0.159 1	0.135 0

区域	省域	年份						
		2015	2016	2017	2018	2019	2020	2021
西部地区	甘肃	0.081 0	0.077 4	0.100 8	0.124 3	0.155 6	0.175 7	0.099 3
	广西	0.072 4	0.076 2	0.110 0	0.108 3	0.133 2	0.157 8	0.103 6
	贵州	0.067 1	0.069 0	0.114 7	0.117 9	0.149 2	0.169 0	0.085 4
	内蒙古	0.083 6	0.080 6	0.086 3	0.121 4	0.123 5	0.129 4	0.118 7
	宁夏	*0.146 1*	*0.143 5*	*0.163 5*	*0.193 3*	*0.221 7*	*0.243 0*	*0.183 9*
	青海	0.107 6	0.104 3	0.131 8	0.156 3	0.181 6	0.199 8	0.125 9
	陕西	*0.134 5*	*0.137 2*	*0.157 9*	*0.170 2*	0.177 0	*0.212 8*	0.171 6
	四川	*0.138 0*	*0.139 5*	*0.205 2*	*0.179 8*	*0.200 1*	*0.213 5*	0.169 7
	新疆	0.068 1	0.066 7	0.079 5	0.090 6	0.120 0	0.146 5	0.088 6
	云南	0.065 2	0.067 8	0.090 9	0.106 1	0.130 2	0.148 3	0.085 6
	重庆	0.123 4	0.113 5	0.132 0	0.147 6	0.166 4	0.185 4	0.159 1
	平均值	0.098 8	0.097 8	0.124 8	0.137 8	0.159 9	0.180 1	0.126 5
全年平均值		0.131 6	0.133 5	0.156 9	0.170 1	0.187 9	0.209 5	0.175 9

注：斜体加粗数值为当年该省域数字经济发展水平高于全年数字经济发展水平平均值。

附录2　2008—2021年30个省域交通运输碳排放量计算结果

附表2-1　2008—2014年30个省域交通运输碳排放量计算结果

单位：万吨

省域	年份						
	2008	2009	2010	2011	2012	2013	2014
北京	2 299.314	2 396.813	2 598.115	2 777.896	2 818.244	2 973.972	3 129.546
天津	1 088.207	1 172.696	1 266.102	1 343.761	1 398.218	1 121.911	1 187.952
河北	2 027.995	1 990.932	2 250.887	2 541.993	2 549.723	2 582.254	2 364.925
山西	2 188.704	2 229.208	2 110.089	2 189.16	2 283.075	2 392.945	2 343.455
内蒙古	2 696.856	3 010.467	3 388.434	3 742.691	4 094.524	2 709.968	2 623.833
辽宁	3 982.013	4 187.96	4 351.31	4 718.137	4 988.91	4 631.503	4 996.253
吉林	1 174.175	1 185.028	1 243.481	1 316.962	1 402.689	1 399.81	1 527.005
黑龙江	1 205.275	1 434.7	1 449.747	2 189.081	2 422.011	2 562.161	2 736.232
上海	5 536.54	5 589.739	5 898.61	5 715.157	5 816.9	5 814.908	5 796.408
江苏	3 342.913	3 481.324	3 966.135	4 224.94	4 590.561	4 930.133	5 334.65
浙江	2 989.84	3 073.256	3 321.788	3 610.747	3 788.447	3 958.916	4 034.382
安徽	1 183.005	1 229.656	1 389.201	1 561.766	2 267.159	2 506.146	2 752.058
福建	1 820.143	1 989.691	2 214.902	2 388.165	2 473.151	2 541.973	2 760.683
江西	1 030.363	1 067.705	1 293.658	1 413.496	1 473.894	1 827.234	1 870.305
山东	6 235.037	6 863.224	7 181.015	7 926.465	8 901.488	5 186.025	5 339.681
河南	2 061.284	2 186.346	2 460.651	2 741.118	3 053.515	3 419.215	3 405.892
湖北	3 403.308	3 186.99	3 101.452	3 590.406	3 599.528	3 627.801	3 900.527
湖南	598.938 1	2 194.837	2 444.852	2 685.035	2 413.03	2 968.95	3 245.914
广东	6 565.713	6 883.617	7 552.482	7 950.93	8 325.602	7 783.499	8 137.353
广西	1 764.306	1 999.429	2 215.583	2 375.802	2 572.838	2 009.648	2 534.465
海南	712.874 4	808.927 5	876.955	915.470 9	927.318 8	845.332 5	815.089 8
重庆	1 410.762	1 293.516	1 580.063	1 669.173	1 880.768	2 095.745	1 985.031
四川	2 633.032	3 094.662	2 722.297	2 406.636	2 600.504	1 868.721	2 686.526
贵州	1 201.843	1 219.033	1 412.487	1 564.173	1 879.597	1 723.109	1 840.397
云南	1 951.185	2 004.277	2 517.363	2 692.277	2 882.31	2 732.112	3 092.87
陕西	1 784.694	2 157.971	2 343.273	2 531.514	2 592.02	2 057.021	2 164.34
甘肃	715.335 8	752.813 6	839.337 6	895.512 7	1 019.756	1 430.722	1 448.005
青海	229.488 2	264.937 1	301.501 2	317.798	325.618 3	332.624 4	373.326 8
宁夏	380.54	347.534 2	408.969 3	399.888 7	413.604 4	427.167 6	447.286 7
新疆	1 248.552	1 204.072	1 302.133	1 425.453	1 619.084	1 937.237	2 008.63

附表2-2　2015—2021年30个省域交通运输碳排放量计算结果

单位：万吨

省域	年份						
	2015	2016	2017	2018	2019	2020	2021
北京	3 241.372	3 411.043	3 619.175	3 843.690	3 859.897	2 549.284	2 782.457
天津	1 203.005	1 219.226	1 243.601	1 221.674	1 194.457	1 084.645	1 183.095
河北	2 324.961	2 784.448	2 492.663	2 592.472	2 629.867	1 818.608	2 163.906
山西	2 442.509	2 502.257	2 605.688	2 434.911	2 459.503	1 942.563	1 972.628
内蒙古	2 581.644	1 949.126	1 971.114	1 866.439	1 936.120	1 799.646	2 072.727
辽宁	5 153.220	5 297.307	5 379.821	5 325.215	5 291.796	4 712.362	5 031.681
吉林	1 529.365	1 477.097	1 528.832	1 415.211	1 414.453	1 350.256	1 452.802
黑龙江	2 779.622	2 763.536	2 517.599	2 343.395	2 293.355	1 943.987	2 148.768
上海	6 079.972	6 773.184	7 412.933	7 254.586	7 539.884	6 250.894	6 561.340
江苏	5 494.826	5 648.068	5 919.726	6 246.012	6 476.271	6 642.981	6 440.104
浙江	4 283.611	4 299.438	4 471.626	4 370.294	4 085.130	4 257.240	4 434.436
安徽	2 784.395	2 819.730	3 015.071	3 128.494	3 002.886	2 954.023	3 032.660
福建	2 912.127	3 104.553	3 277.456	3 488.705	3 760.488	3 419.466	3 638.541
江西	2 069.772	2 072.774	2 146.102	2 441.274	2 654.991	2 628.734	2 650.851
山东	5 441.041	5 659.693	6 320.494	6 179.254	6 284.333	4 879.361	5 145.496
河南	3 662.743	3 603.517	3 709.005	4 372.199	4 330.774	4 454.776	4 815.478
湖北	3 968.072	4 927.657	4 984.182	5 164.307	5 736.320	4 870.690	5 737.439
湖南	3 685.132	3 831.460	3 902.146	4 187.835	4 340.911	4 236.135	4 778.696
广东	8 483.722	9 488.131	9 664.377	9 859.501	10 027.026	8 928.399	8 502.750
广西	2 610.244	2 693.194	2 943.207	2 853.000	2 766.729	2 318.839	2 446.600
海南	691.406	809.652	860.068	836.374	852.980	859.575	916.992
重庆	2 392.289	2 582.613	2 723.464	2 426.364	2 486.239	2 326.868	2 322.130
四川	2 617.267	3 839.085	3 975.522	4 084.870	4 275.702	4 024.271	4 199.684
贵州	2 096.813	2 316.639	2 012.777	2 140.976	2 275.842	2 330.855	2 618.871
云南	2 993.990	3 135.651	3 205.707	3 607.617	3 931.010	3 763.071	3 884.980
陕西	2 102.100	1 841.877	1 855.200	2 056.372	2 009.466	1 685.258	1 708.951
甘肃	1 343.430	1 277.494	1 296.612	1 228.534	1 226.986	1 197.747	1 133.699
青海	386.843	447.134	505.534	562.921	572.078	479.210	528.509
宁夏	452.478	468.821	492.749	406.889	429.513	407.996	436.365
新疆	2 380.163	2 505.016	2 722.014	2 786.438	2 762.503	2 236.266	2 357.971

附录3 2008—2021年30个省域耦合协调度计算结果

附表3-1 2008—2014年30个省域耦合协调度计算结果

省域	年份						
	2008	2009	2010	2011	2012	2013	2014
北京	0.718	0.811	0.807	0.803	0.824	0.824	0.832
天津	0.642	0.735	0.723	0.727	0.750	0.767	0.768
河北	0.471	0.448	0.446	0.387	0.709	0.490	0.492
山西	0.479	0.483	0.459	0.432	0.689	0.508	0.498
内蒙古	0.510	0.466	0.457	0.438	0.756	0.513	0.509
辽宁	0.486	0.534	0.548	0.557	0.678	0.615	0.611
吉林	0.529	0.572	0.565	0.530	0.549	0.566	0.579
黑龙江	0.555	0.521	0.484	0.469	0.506	0.514	0.526
上海	0.494	0.593	0.583	0.579	0.604	0.620	0.624
江苏	0.523	0.553	0.581	0.590	0.632	0.641	0.618
浙江	0.526	0.575	0.586	0.567	0.617	0.633	0.637
安徽	0.442	0.408	0.489	0.405	0.476	0.496	0.507
福建	0.504	0.541	0.572	0.535	0.576	0.579	0.598
江西	0.457	0.450	0.459	0.306	0.420	0.437	0.463
山东	0.429	0.399	0.417	0.387	0.362	0.543	0.563
河南	0.525	0.404	0.426	0.323	0.422	0.446	0.461
湖北	0.501	0.483	0.493	0.435	0.490	0.514	0.528
湖南	0.571	0.465	0.484	0.423	0.482	0.471	0.491
广东	0.522	0.495	0.474	0.450	0.461	0.493	0.477
广西	0.549	0.455	0.469	0.335	0.431	0.467	0.462
海南	0.509	0.621	0.628	0.581	0.600	0.610	0.620
重庆	0.468	0.519	0.553	0.500	0.534	0.548	0.571
四川	0.617	0.520	0.531	0.796	0.547	0.584	0.593
贵州	0.536	0.475	0.493	0.717	0.413	0.441	0.449
云南	0.533	0.430	0.439	0.709	0.378	0.409	0.398
陕西	0.564	0.560	0.568	0.713	0.572	0.598	0.606
甘肃	0.547	0.505	0.514	0.704	0.486	0.499	0.497
青海	0.601	0.599	0.612	0.759	0.597	0.595	0.603
宁夏	0.542	0.655	0.664	0.702	0.655	0.670	0.675
新疆	0.372	0.478	0.496	0.742	0.465	0.467	0.465

附表3-2　2015—2021年30个省域耦合协调度计算结果

省域	年份						
	2015	2016	2017	2018	2019	2020	2021
北京	0.840	0.825	0.828	0.847	0.851	0.925	0.923
天津	0.779	0.792	0.781	0.813	0.819	0.851	0.831
河北	0.528	0.536	0.566	0.619	0.645	0.685	0.641
山西	0.510	0.499	0.516	0.580	0.610	0.647	0.584
内蒙古	0.516	0.518	0.534	0.614	0.616	0.629	0.605
辽宁	0.614	0.592	0.599	0.619	0.621	0.657	0.622
吉林	0.601	0.596	0.614	0.665	0.686	0.700	0.667
黑龙江	0.542	0.542	0.564	0.618	0.625	0.649	0.615
上海	0.626	0.593	0.574	0.597	0.601	0.690	0.673
江苏	0.623	0.635	0.635	0.642	0.640	0.648	0.649
浙江	0.665	0.669	0.693	0.704	0.725	0.738	0.709
安徽	0.553	0.567	0.627	0.616	0.636	0.663	0.642
福建	0.623	0.636	0.664	0.660	0.662	0.686	0.649
江西	0.507	0.522	0.584	0.579	0.620	0.645	0.610
山东	0.580	0.582	0.600	0.591	0.604	0.666	0.652
河南	0.500	0.525	0.586	0.567	0.591	0.617	0.583
湖北	0.555	0.543	0.585	0.572	0.578	0.625	0.570
湖南	0.499	0.506	0.587	0.553	0.584	0.613	0.543
广东	0.469	0.384	0.380	0.333	0.266	0.507	0.532
广西	0.481	0.493	0.571	0.570	0.616	0.662	0.568
海南	0.629	0.621	0.648	0.686	0.722	0.752	0.677
重庆	0.607	0.585	0.615	0.645	0.670	0.697	0.664
四川	0.627	0.602	0.678	0.647	0.664	0.684	0.633
贵州	0.470	0.474	0.598	0.602	0.651	0.677	0.521
云南	0.449	0.457	0.524	0.550	0.585	0.616	0.498
陕西	0.632	0.641	0.672	0.684	0.694	0.742	0.693
甘肃	0.529	0.519	0.582	0.630	0.681	0.709	0.581
青海	0.611	0.603	0.656	0.694	0.728	0.752	0.645
宁夏	0.681	0.676	0.706	0.746	0.777	0.799	0.734
新疆	0.470	0.462	0.503	0.532	0.594	0.648	0.534

附录 4　东部、中部、西部三大区域划分

表4-1　东、中、西三大区域划分（不含西藏、香港、澳门、台湾）

区域	省域
东部地区	北京、福建、广东、河北、江苏、海南、上海、辽宁、山东、浙江、天津
中部地区	安徽、河南、黑龙江、湖北、湖南、吉林、江西、山西
西部地区	甘肃、广西、贵州、宁夏、内蒙古、青海、陕西、四川、新疆、重庆、云南